Veit-Jakobus Dieterich

Glaube und Naturwissenschaft

Oberstufe Religion
Herausgegeben von Eckhart Marggraf und Eberhard Röhm
Materialheft 2

Calwer Verlag Stuttgart

Inhaltsübersicht: Materialheft »Glaube und Naturwissenschaft«

ISBN 3-7668-3418-5

8., vollständig neu bearbeitete Auflage 1996

Umschlaggestaltung: Hans-Eduard Franke, Stuttgart
Titelbild: Andreas von Weizsäcker: Milchstraße (1988), © VG Bild-Kunst, Bonn 1995.
Rückseite: Johannes Schreiter: Physikfenster (Alternativentwurf). Aus: Ders., Brandcollagen, Zeichnungen, Heidelberger Fensterentwürfe. Verlag Das Wunderhorn, Heidelberg 1987.
Satz, Layout und Reproduktion: ScreenArt GmbH & Co. KG, Wannweil

A Ich und die Welt

Die Welt geht auf (Foto: dpa)

1 Jugendliche schreiben

Ich glaube nicht an Gott, weil ich an die wissenschaftliche Weise der Entstehung der Erde glaube, und weil ich noch keinen Beweis erhalten habe, daß es Gott gibt. Ich glaube nicht, daß die Welt in sieben Tagen geschaffen wurde, weil mir die wissenschaftlichen Ergebnisse über die Entstehung der Erde eher einleuchten und mir deshalb richtig erscheinen.

Großhandelskaufmann, 3. Lehrjahr, 20 Jahre

Ich glaube, daß Gott der Schöpfer von Himmel und Erde ist. Daß Gott die Welt geschaffen hat, denn von alleine glaube ich kaum, daß sie entstehen konnte.

Hauswirtschaftliche Berufsschülerin, 17 Jahre

Wenn ich mir das Universum anschaue, dann muß ich immer wieder staunen. Eine unendliche Menge an Sternen, Galaxien und Milchstraßen. Dann unser Sonnensystem mit seiner genialen Aufteilung, mit der Sonne, die seit Milliarden von Jahren unaufhörlich Licht und Wärme unserer Erde spendet. Ja, unsere Erde ist die Krönung der Schöpfung. Bedenkt man die genaue Einhaltung der vier Jahreszeiten, den Kreislauf der Natur, die Vielfalt der Tiere, von denen jedes seine genaue Bestimmung hat, und dann natürlich den Menschen; wenn man sich das alles überlegt, dann muß es doch einen Gott, sprich ein höheres, intelligentes Wesen, das wir nicht wahrnehmen, geben.

Schüler(in) einer Berufsaufbauschule

2 Meinungen ändern sich

Isaac B. Singer: Ein riesiges Schlachthaus

■ *Zu Beginn seines autobiographischen Romans »Verloren in Amerika« schildert der jüdische Schriftsteller Isaac B. Singer (1904–1991) Erlebnisse und Gedanken aus seiner Kindheit in Polen.*

Auf den ersten Blick schien mein Bruder Josua recht zu haben. Die Natur legte keine Religion an den Tag. Sie sprach nicht und predigte nicht. Es machte der Natur offenbar auch nichts aus, daß auf dem Markt jeden Tag Hunderte oder Tausende von Hühnern geschlachtet wurden. Auch daß die Russen Pogrome an Juden veranstalteten und die Türken und Bulgaren sich gegenseitig umbrachten und Kinder auf die Spitzen ihrer Bajonette aufspießten, ließ die Natur offenbar kalt. Aber wie war die Natur zu dem geworden, was sie war? [...]
Ich lebte in einer Welt der Grausamkeit. Mich quälten nicht nur die Leiden der Menschen, sondern auch die der Tiere, Vögel und Insekten. Hungrige Wölfe zerrissen Lämmer. Löwen, Tiger und Leoparden mußten sich entweder von anderen Geschöpfen ernähren oder Hungers sterben. Die Edelleute gingen durch den Wald und schossen Wild, Hasen und Fasane zum Vergnügen. Ich grollte nicht nur den Menschen, sondern auch Gott. Er war es, der die wilden Tiere mit Klauen und Fangzähnen geschaffen hatte. Er war es, der den Menschen zu einem blutdürstigen Geschöpf gemacht hatte, das auf Schritt und Tritt Gewalt anwendete. Ich war nur ein Kind, aber ich hatte damals schon die gleiche Ansicht von der Welt wie heute – ein riesiges Schlachthaus, eine ungeheure Hölle.

Isaac B. Singer: Verloren in Amerika. Deutscher Taschenbuch Verlag, München 1985, S. 15 und 26f.

Reinhard Tausch: Es gibt eine unabhängige Macht

■ *In einem Rundfunkgespräch äußerte sich der Psychologieprofessor Reinhard Tausch über seine Einstellung zum Gottesglauben.*

Tausch: Als wir Untersuchungen über die Begleitung von Sterbenden und Menschen in seelischen Krisen durchführten, stellten wir fest, daß etwa die Hälfte der befragten Personen erklärte: »Mein religiöser Glaube hat mir sehr geholfen in diesen schweren Zeiten.« Da sagte ich mir: »Du mußt die Realität anerkennen. Die Realität ist, daß ein größerer Teil von Menschen einen religiösen Glauben hat, und daß er hilfreich für sie ist.«
Zudem fand ich in den Schriften von Albert Einstein und Max Planck, Nobelpreisträgern der Physik, daß sie öfter von ihren religiösen Erfahrungen sprachen und in Naturwissenschaft und Religion keinen Widerspruch sahen.
Als ich dann selbst als Versuchsperson bei einer Untersuchung mitmachte, erlebte ich, daß sich dadurch meine eigenen Vorstellungen von Gott klärten. Und gänzlich wurde ich überzeugt, als sich Leute meldeten und sagten: »Ihr macht doch da Befragungen, wie sich Menschen Gott vorstellen. Kann ich auch noch daran teilnehmen? Ich habe von Bekannten gehört, daß das sehr klärend ist.«
Genauer gesagt hatten wir das Ziel festzustellen, wie sich Menschen Gott vorstellen, was sie dabei erleben. Dagegen ist es nicht unser Ziel zu fragen, was religiös richtig oder falsch ist. Dazu kann die wissenschaftliche Psychologie nichts sagen, weil es außerhalb ihrer Möglichkeiten liegt. Das fällt in den Bereich des Glaubens.

Moderatorin: Für viele Menschen ist ja lebensgeschichtlich die Weiterentwicklung eines schlichten, kindlichen Gottesbildes zu einer Gottesvorstellung, die mehr dem Erwachsenen angemessen ist, eine schwierige Angelegenheit. Bei vielen Menschen gilt dann plötzlich das, was sie unter naturwissenschaftlichem Weltbild verstehen. Es folgt die große Ernüchterung, daß es keinen Gott gibt. Was können sie als Psychologe, der von der Naturwissenschaft herkommt, dazu sagen? Gibt es einen Widerspruch zwischen der naturwissenschaftlichen Einstellung zur Welt, zur Realität, und dem Glauben an Gott?

Tausch: Ja, das ist meine Auffassung und die Auffassung vieler Naturwissenschaftler: Naturwissenschaften und ein Glaube an Gott widersprechen sich nicht. Wenn aber der religiöse Glaube an Kinder sehr konkret herangetragen wird – wenn etwa gesagt wird: also, der liebe Gott wohnt über den Wolken, und wenn du betest, dann wird es dir gut gehen – dann erfolgen später Enttäuschungen, denn die Menschen sehen: Ja, da hilft nicht der liebe Gott, sondern die oder jene Operation. Und dann denken sie an die Fortschritte der Technik und sagen: »Es stimmt alles nicht. Weg mit der Religion!«
In Wirklichkeit ist es so: Wenn wir uns tatsächlich mit den Naturwissenschaften beschäftigen, dann entdecken wir, wie etwa die Quantenphysik: Wir können die Wirklichkeit an sich überhaupt nicht erkennen. Wir können sie immer nur durch die menschliche Brille sehen. Beispielsweise: Es gibt Farben nur im Bereich des Seelischen, nur bei uns Menschen. Außerhalb unserer Seelen sind es Lichtwellen. Gerade die Naturwissenschaft führt zu einer Einsicht und Erkenntnis der Begrenztheit unseres menschlichen Verstandes. Und so haben die Nobelpreisträger Einstein und Planck gesagt, daß sie sehr religiöse Menschen waren.
Wir müssen erkennen: Wir können über die meisten Dinge keine Aussagen machen. Was wir sehen können: daß es eine Schöpfung gibt. Ob wir die einem persönlichen Gott zuschreiben oder einer höheren Macht, das mag nicht das Entscheidende sein, sondern das Wissen: Es gibt eine von uns Menschen unabhängige Macht, die uns geschaffen hat.

Auszug aus einem Rundfunkgespräch zum Gottesglauben, SWF II, Febr. 1994 (leicht geglättete Nachschrift).

John Updike: Taubenfedern

Der 1932 geborene amerikanische Schriftsteller John Updike beschreibt in seiner Erzählung »Taubenfedern«, wie der Gottesglaube des jungen David in eine Krise gerät, als ihm bewußt wird, daß er wie alle Lebewesen einmal sterben muß. Gegen seine Zweifel an der Unsterblichkeit und am Weiterleben nach dem Tod sucht er Antwort beim Pfarrer und bei der Mutter. Auch sie sind ratlos. Am Ende der Geschichte schießt David auf Wunsch der Mutter Tauben, welche die Scheune verunreinigen. Gemeinsam beseitigen sie die toten Tiere. Dabei findet David selbst eine Antwort auf seine Fragen:

Sie machte sich daran, die toten Tauben aufzulesen. David hatte ganz und gar keine Lust, die Vögel anzufassen, aber er ging doch ins ausgebreitete Heu und hob den ersten, den er getötet hatte, bei seinen lauwarmen, hornigen, korallenfarbenen Füßen auf. Die Flügel fielen bestürzend auseinander, als sei das Geschöpf mit Fäden zusammengehalten, die nun durchgeschnitten worden waren. Es wog nicht viel. Dann holte er die Taube, die auf der andern Seite des Mittelgangs lag; die Mutter nahm die drei, die in die Mitte gefallen waren, und schlug den Weg zum kleinen Südhang ein, an dessen Fuß die Grundmauern des abgerissenen Tabakschuppens standen. Das Gelände war hier zu steil, um bepflanzt oder gemäht zu werden; wilde Erdbeeren wuchsen im wirren Gras. Sie legte die Last nieder und sagte: »Wir werden sie begraben müssen. Der Hund wird sonst verrückt.«

Er legte seine beiden auf die andern drei: die Körper mit den schlüpfrigen Gefiedern rutschten übereinander, als seien sie flüssig. Er fragte: »Soll ich dir die Schaufel holen?«

»Hol sie für *dich,* du begräbst sie. Es sind *deine* Opfer. Und mach das Loch ja tief genug, damit der Hund sie nicht wieder ausscharrt.«

Während er zum Geräteschuppen ging, um die Schaufel zu holen, ging sie ins Haus. Und sie benahm sich ganz anders, als es sonst ihre Gewohnheit war: sie hob nicht den Blick, weder zum Obstgarten rechts von ihr, noch zur Wiese links, sie hielt den Kopf starr und ein wenig zur Seite geneigt, als horche sie auf den Erdboden.

Er grub das Loch an einer Stelle, wo keine Erdbeeren wuchsen, und schaute sich dann die Tauben genauer an. Noch nie hatte er einen Vogel aus dieser Nähe gesehen. So ein Gefieder war wunderbarer als das Fell eines Hundes, weil jedes Federhärchen für sich geformt war innerhalb der Form der Feder, und alle Federn zusammen wiederum waren zu einem Muster geordnet, das ohne Fehl den ganzen Vogelkörper umfloß. Er verlor sich in den geometrischen Gezeiten der Gefieder, die sich hier verbreiterten und versteiften, um eine Flügelkante zu bilden, da plusterig und dicht gedrängt sich aufstellten, um das stumme Fleisch mit schützender Wärme zu umgeben. Und über die Oberfläche der unendlich angepaßten und doch mühelosen Anordnung der Federn spielten müßige Farbmusterungen, von denen keine sich wiederholte, und die, so schien es, in maßvoll beherrschtem Entzücken entworfen worden waren, mit einer Freude, die über und hinter ihm in der Luft schwebte. Und doch vermehrten diese Vögel sich millionenfach, und man hielt sie für eine Plage und ging ihnen zuleibe. Er ließ einen von ihnen, der breit gestreift war in schieferblauen Abstufungen, in die duftende, klaffende Erde fallen und warf einen zweiten darauf, der über und über, in Rhythmen, lila und grau gesprenkelt war. Die nächste Taube war fast schneeweiß, bis auf einen lachsfarbenen Schimmer an der Kehle. Als er die letzten beiden, die noch geschmeidig waren, dazugebettet hatte und sich aufrichtete, wurde er von krustigen Umkrallungen befreit, und mit sanftzartem Gleiten an seinen Nerven entlang, so als habe die Luft Hände, umhüllte ihn diese Gewißheit: Gott, der so viel Kunst an diese nichtswürdigen Vögel verschwendet hatte, würde nicht Sein ganzes Schöpfungswerk zunichte machen, indem Er David verwehrte, immerdar zu leben.

John Updike: Taubenfedern. In: Glücklicher war ich nie. Erzählungen. Übers. von M. Carlsson. S. Fischer Verlag, Frankfurt a. M. 1966, S. 179–211; zit. S. 210f.

Albrecht Dürer: Blaurackenflügel (1512). Graphische Sammlung Albertina, Wien.

Albrecht Dürer (1471–1528), deutscher Maler, nahm die zeitgenössischen Strömungen der Renaissance, des Humanismus und der Reformation auf. Eine exakte Darstellung der Natur, insbesondere von Pflanzen und Tieren, spielt in seinem Werk eine wichtige Rolle.

B Weltbilder im Wandel

Im Roman »Sofies Welt« des norwegischen Philosophielehrers und Schriftstellers Jostein Gaarder bekommt die Romanheldin Sofie gleich zu Beginn zwei rätselhafte Briefe mit je einer Frage (»Wer bist du?« und »Woher kommt die Welt?«) zugestellt. Schon immer haben Menschen die Frage nach dem Wesen und Ursprung des Seins wie nach der Stellung des Menschen im Ganzen aufgeworfen. Sie gaben darauf ganz unterschiedliche Antworten. So entstanden im Laufe der Zeit sich wandelnde »Weltbilder«. Das Weltbild einer geschichtlichen Epoche faßt die in dieser Zeit vorhandenen Erkenntnisse von Welt, Natur und Mensch zu einem konkret-bildlichen oder unanschaulich-abstrakten Gesamtverständnis der Wirklichkeit zusammen.
Warum änderten sich die Weltbilder? Besteht zwischen dem Bild von Mensch und Kosmos und den konkreten Lebensumständen einer bestimmten Epoche ein Zusammenhang? Gibt es auch in unserer Zeit noch ein einheitliches Weltbild oder möglicherweise mehrere widerstreitende Weltentwürfe? Sind unsere Vorstellungen den älteren überlegen?

3 Schöpfungsmythen

Die Babylonier: Enūma eliš – Als droben

■ *In der ersten Hälfte des 2. Jahrtausends v. Chr. wurde ein altbabylonisches Schöpfungsepos aufgeschrieben, nach den Anfangsworten »Enūma eliš« (sprich: Elisch), d. h. »Als droben«, genannt. Die priesterschriftliche Schöpfungsgeschichte des Alten Testaments (Gen. 1, 1–2, 4a) nahm Gedanken dieses Epos auf, setzte sich jedoch zugleich in wichtigen Punkten deutlich von ihm ab.*

»Als droben der Himmel nicht genannt war,
Drunten die Feste einen Namen nicht trug,
Apsû, der uranfängliche, ihr Erzeuger,
Mummu und Tiâmat, die Gebärerin von ihnen allen,
Ihre Wasser in eins vermischten,
Das Strauchwerk sich nicht untereinander verknüpfte,
Rohrdickicht nicht zu sehen war,
Als die Götter nicht existierten, niemand,
Als sie mit Namen nicht genannt,
Geschicke ihnen nicht bestimmt waren –
Da wurden die Götter in ihrer Mitte geschaffen.«

So beginnt der Hymnus, der am Neujahrsfest im Frühling zu Babylon Jahr für Jahr feierlich gesungen wurde. Er ist ein Denkmal derselben großen Zeit der mesopotamischen Kultur wie Hamurapis Gesetzbuch; aber 1500 Jahre später, zur Zeit Alexanders des Großen, war er noch im Gebrauch. Der Text, den wir besitzen, stammt aus der Bibliothek des assyrischen Königs Assurbanipal, aus dem 7. Jahrhundert v. Chr.
Eine uns verwirrende Fülle von Götternamen wird hier feierlich eingeführt. Dann aber entfaltet sich ein Drama. Ich hebe nur die Namen heraus, die in ihm wichtig werden.
Apsû und Tiâmat sind Urgewässer. Apsû ist als der Süßwasserozean bekannt, der sich unter der ganzen Erde erstreckt und die Quellen und Brunnen speist; Süßwasserozean ist auch der Persische Meerbusen. Tiâmat ist der Salzwasserozean. Hier stehen sie zueinander als Mann und Weib, Zeuger und Gebärerin alles dessen, was kommen soll. Von den langen Göttergenerationen, die »in ihrer Mitte« entspringen, waren die jüngeren die großen Götter der Babylonier. […]
Ein tödlicher Streit erhebt sich zwischen dem ältesten Götterpaar Apsû und Tiâmat auf der einen Seite und ihren Nachkommen auf der anderen. »Die Brüder, die Götter … verwirrten der Tiâmat Gemüt mit Gesang inmitten der Himmelswohnung«.
Apsû spricht zu Tiâmat: »Ihr Wandel mißfällt mir. / Am Tage habe ich nicht Ruhe, nachts schlafe ich nicht. / Ich will sie verderben, ihre Wege will ich zerstreuen, / Stille soll hergestellt werden, wir wollen schlafen.«
Aber die jüngeren Götter gewinnen die erste Schlacht. Ea, der junge Gott, »der Gewaltige an Weisheit, der alles versteht«, verzaubert den Apsû und erschlägt ihn im Schlaf. Und nun schlägt Ea »auf Apsû seine Wohnung auf.« Der erschlagene Apsû wird zum Palast seines Töters. Apsû ist ja das Meer und Ea der Herr des Meeres.
Jetzt erst tritt der Held des ganzen Gedichts ins Leben, Marduk, der Gott des Frühlings, der Sonne und des Gewitters, der Stadtgott Babylons. Er ist Eas Sohn, »der Weiseste der Weisen, der Kluge der Götter«: »Was für ein Kind? Was für ein Kind? / Ein Sonnenkind! Das Götter-Sonnenkind!«
Tiâmat aber rüstet sich, ihren erschlagenen Buhlen zu rächen. Nun erscheint sie, die Mutter der Tiefe, als der Urweltdrache. […] In tiefem Schrecken übertragen die jüngeren Götter dem Marduk, der allein sie retten kann, die Herrschaft. Mit Blitzen bewehrt zieht er zum Kampf.
»Er machte ein Netz, Tiâmat darin zu fangen. / Die vier Winde ließ er anfassen, damit nichts von ihr entgehe … / Er schuf einen bösen Sturm, einen Wirbelwind, einen Orkan, / Den Vier-Wind, den Sieben-Wind, den verwirrenden Wind, den Unheilswind.«
In gewaltiger Schlacht fängt er die brüllende Tiâmat. Die Stürme fahren in ihren Leib.

»Er schoß den Pfeil ab, zerspaltete ihren Bauch, / Ihr Inneres zerschnitt er, zerriß das Herz.«
Nun erst, da der Götterkampf zu Ende ist, schafft Marduk aus dem Leichnam des Feindes – der Mutter – die Welt.
»Es ruhte der Herr, Tiâmats Leichnam zu betrachten / Den Rumpf zu teilen, Kunstvolles zu schaffen. / Er hälftete sie wie eine Muschel in zwei Teile, / Und setzte ihre Hälfte hin, den Himmel deckte er damit.«
Zu allerletzt wird der Mensch geschaffen. Vielleicht hat ein verlorenes Stück des Gedichts berichtet, daß den Göttern ein Dienst zu schwer geworden sei. Nun wird ein Gott, Kingu, der der Feldherr der Tiâmat und ihr Anstifter zum Krieg gewesen war, getötet.
»Aus seinem Blut mischte Ea die Menschen, / Legte ihnen auf die Dienste der Götter, die Götter ließ er frei.«
Die Menschen aber bauen eine Stadt, Marduk zum Wohnort, sie bauen Babylon. Am Ende versammeln sich alle Götter und singen Marduks Lobpreis unter Anrufung seiner fünfzig Namen.

Carl Friedrich von Weizsäcker: Die Tragweite der Wissenschaft. Stuttgart, 6. Aufl. 1990, S. 21–24.

Marduk, der Stadtgott Babylons, später der Reichsgott des babylonischen Großreiches, steht in vollem »Ornat« auf der besiegten, nun gezähmten Tiamat, dem Salzwasserozean.

Die Maya-Indianer: Popol Vuh – Das Buch des Rates

■ *»Popol Vuh«, das »Buch des Rates«, enthält Mythen über den Ursprung der Erde und der Maya-Indianer aus dem Quiché (Guatemala). Der spanische Dominikanerpriester Francisco Ximénez (1664–1730) schrieb das Buch ab und übersetzte es ins Spanische.*

Das ist die Kunde:
Da war das ruhende All. Kein Hauch. Kein Laut. Reglos und schweigend die Welt. Und des Himmels Raum war leer.
Unbeweglich und stumm war die Nacht, die Finsternis. Aber im Wasser, umflossen von Licht, waren diese: Tzakól, der Schöpfer; Bitól, der Former; der Sieger Tepëu und die Grünfederschlange Gucumátz.
Es trafen sich also Tepëu und Gucumátz und sprachen von Leben und Licht, von Helle und Dämmerung; und wer Nahrung schaffen würde und Unterhalt.
»Es geschehe! Es fülle sich die Leere! Weichet zurück, ihr Wasser, und gebet Raum, daß die Erde aufsteige und sich festige!« So sprachen sie.
Darauf schufen sie die Erde. Die Wahrheit ist, daß sie die Erde schufen. »Erde!« sagten sie, und im Augenblick war sie geschaffen.
Und zugleich sproßten Zypressen und Tannen und bedeckten der Erde Antlitz.
Darauf schufen sie die Tiere des Waldes, die Wächter der Wälder und Berge: Rehe, Löwen, Jaguare, Vögel; und als Wächter der Lianen schufen sie Schlangen, Nattern und Vipern.
Es sagten sich nämlich die Erzeuger: »Nichts bewegt sich unter Bäumen und Lianen? Nichts als Schweigen? Ihre Wärter sollen sie haben.«
Das sagten sie sich, während sie überlegten und miteinander berieten. Und sogleich schufen sie das Wild und die Vögel. Und sie gaben einem jeglichen seine Stätte, dem Wild und den Vögeln.
Und nachdem die Schöpfung der Vierfüßler und der Vögel beendet war, sprachen Tzakól und Bitól, sprachen die Erzeuger also: »Redet, schreit, trillert, ruft! Redet alle, ein jeglicher nach seiner Art.«
So sprachen sie zum Reh, zu den Vögeln, zu Puma, Jaguar und Schlange: »Redet doch zu uns, in unsern Namen, zu eurem Vater, zu eurer Mutter. Lobet uns!
Aber jene konnten nicht wie Menschen sprechen. Sie zischten, schrieen und gackerten. Sie konnten kein Wort formen und ein jegliches schrie nach seiner Art.
Als der Schöpfer und der Former sahen, daß jene nicht sprechen konnten, sagten sie zueinander: »Sie können uns nicht bei unserem Namen nennen, uns, ihre Former und Bildner.«
Und die Erzeuger sagten zueinander: »Das ist nicht gut.«
Der Schöpfer, der Former und die Erzeuger sagten: »Auf ein neues! Schon naht die Morgenröte. Schaffen wir jene, die uns erhalten und ernähren. Was ist zu tun, daß man uns anrufe und erinnere auf der Erde? Schon schufen wir unsere ersten Werke, unsere ersten Wesen. Aber sie konnten uns nicht preisen und verehren. Laßt uns denn ein Wesen schaffen, das gehorsam sei und ergeben und uns nährt und erhält.«
Also sprachen sie. Darauf geschah die Schöpfung und Formung [der Menschen].

Popol Vuh. Das Buch des Rates. Mythos und Geschichte der Maya. Übers. von Wolfgang Cordan. Düsseldorf, Köln, 8. Aufl. 1993, S. 29–33 (gekürzt).

4 Weltbilder in Antike und Mittelalter

Das Weltbild des Alten Ägypten

Aus dem alten Ägypten gibt es zahlreiche Darstellungen von Himmel und Erde. Eine in mannigfachen Varianten auftretende Version zeigt oben die Himmelsgöttin Nut, auf dem Boden den Erdgott Geb. Ursprünglich waren beide miteinander vereinigt, bis sie durch Schu, die Luftgottheit, voneinander getrennt wurden. Auf diese Weise entstanden Himmel und Erde.
Nuts Leib ist mit Sternen übersät. Die Sonne wird jeden Morgen in der Scham Nuts neu geboren und kehrt am Abend, alt geworden, in ihren Mund ein.

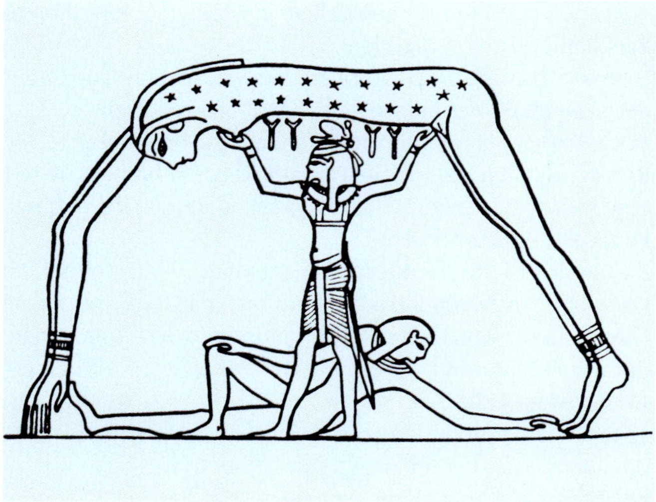

Nach: Othmar Keel: Die Welt der altorientalischen Bildsymbolik und das Alte Testament. Am Beispiel der Psalmen. (Benziger/Neukirchener) 4. Aufl. 1984, S. 27.

Das Weltbild des Alten Orient

Aus dem Alten Orient sind keine bildlichen Darstellungen von Himmel und Erde bekannt. Im Zentrum stand bei den Babyloniern keine räumliche, sondern eine zeitliche Vorstellung.
Alles lebt und ist in Bewegung. Diese Bewegungen sind jedoch zyklisch, das Gleiche kehrt immer wieder. Der Lauf der Welt ist gekennzeichnet durch ein stetes Sterben und Auferstehen, durch Neugeschaffen- und Vernichtetwerden. Der Mensch ist in diese ihm vorgegebene Ordnung eingegliedert. Er hat die Aufgabe, durch Gebet und Opfer den Gang der Welt am Leben zu erhalten.
Das aus Texten erschließbare Weltbild ist mehrschichtig: die drei Himmelsbereiche sind dem Gott Anu, den Himmelsgöttern (Igigi) und den Gestirnen vorbehalten, die drei Erdschichten den Menschen, dem Meeresgott Ea und den Unterweltsgöttern. Im Zentrum der Welt liegt die Stadt (Babylon), in ihr der Heilige Hügel mit Tempel und Königspalast. Die Steppe ist dämonisches Gebiet, das Gebirge göttliches, da auf ihm der Himmel ruht.

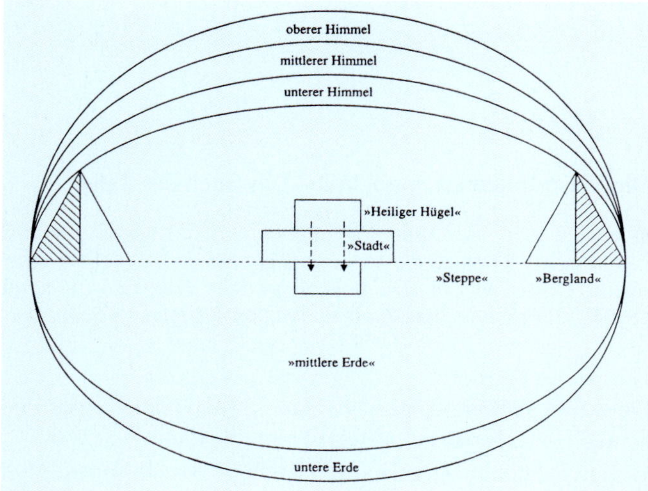

Nach: Beate Pongratz-Leisten: INA SULMI IRUB. Die kulttopographische und ideologische Programmatik der akitu-Prozession in Babylonien und Assyrien im 1. Jahrtausend v. Chr. Mainz 1994, S. 36 (Abb. 5).

Das Weltbild der Griechen

Nach der Vorstellung des Ptolemäus ist die Erde der Mittelpunkt eines wohlgeordneten, harmonischen und endlichen Weltsystems. Um die Erdkugel drehen sich sieben konzentrisch umeinander gelagerte Kristallkugeln, auf denen die sieben Planeten angebracht sind. Die äußere Sphäre bildet die Kristallkugel der Fixsterne. Gott ist der letzte, unbewegte Beweger, der – zusammen mit anderen Bewegern – das ganze Weltsystem in Bewegung hält.
Die Welt ist nicht entstanden; sie ist unwandelbar und hat unendliche Dauer. Alles, was ist, gehorcht immer wiederkehrenden Regeln und Gesetzen. Es gibt nie etwas Neues, es gibt keine Entwicklung. Die Zeit ist zyklisch, ohne Anfang und Ende, alles wiederholt sich.
Die menschliche Erkenntnis der Weltwirklichkeit richtet sich auf das, was Dauer hat, was sich immer gleich bleibt.

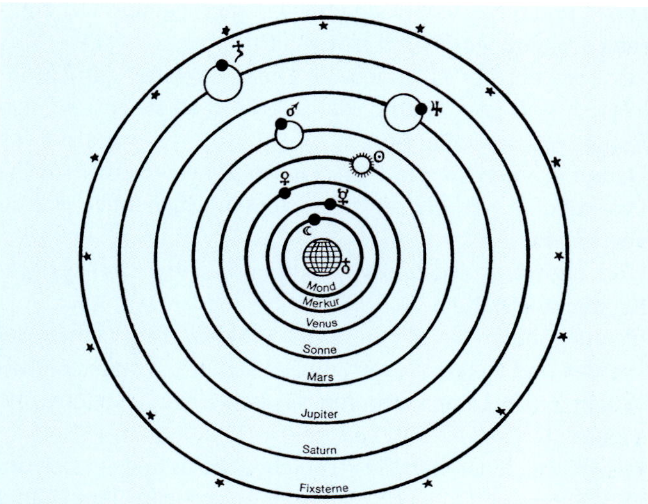

Das Weltbild des Ptolemaios (ca. 70–147 n. Chr.).

Aus der Lutherbibel von 1534

Das mittelalterliche Weltbild

Die Erde (und mit ihr der Mensch) steht im Mittelpunkt der Welt. Um die Erde kreisen die Planeten in gleichförmiger Bewegung. Die Welt ist dreigeteilt, räumlich und endlich.
Jenseits der Fixsterne, des himmlischen Ozeans und des Feuerhimmels thront der ewige, allmächtige Gott, nicht menschlich, aber personhaft gedacht.

Gott hat die Welt am Anfang geschaffen und bereitet ihr am Tage des Gerichts ihr Ende. Alles, was ist und geschieht, steht in Beziehung zu Gott, aus dem es hervorgegangen ist. Alles hat seinen festgefügten, gottgewollten Platz in einer ewigen, universalen Ordnung, die seit der Schöpfung unverändert ist. Diese Ordnung wird erkannt durch das Studium der Bibel sowie der Schriften der Naturkundigen des Altertums. Der Mensch hat sich der göttlichen Ordnung einzufügen.

5 Weltbilder der Neuzeit

Sigmund Freud: Drei Kränkungen (1917)

■ *Sigmund Freud (1856–1939), der Begründer der Psychoanalyse, lebte als Nervenarzt in Wien und floh ein Jahr vor seinem Tode vor den Nazis nach London. Er erforschte systematisch das Seelenleben des Menschen und verstand seine Methode der »Psychoanalyse«, die er im Jahr 1900 mit dem großen Werk »Die Traumdeutung« begründete, als naturwissenschaftliches Vorgehen.*

Zwei große Kränkungen ihrer naiven Eigenliebe hat die Menschheit im Laufe der Zeiten von der Wissenschaft erdulden müssen. Die erste, als sie erfuhr, daß unsere Erde nicht der Mittelpunkt des Weltalls ist, sondern ein winziges Teilchen eines in seiner Größe kaum vorstellbaren Weltsystems. Sie knüpft sich für uns an den Namen Kopernikus, obwohl schon die alexandrinische Wissenschaft ähnliches verkündet hatte. Die zweite dann, als die biologische Forschung das angebliche Schöpfungsvorrecht des Menschen zunichte machte, ihn auf die Abstammung aus dem Tierreich und die Unvertilgbarkeit seiner animalischen Natur verwies. Diese Umwertung hat sich in unseren Tagen unter dem Einfluß von Ch. Darwin, Wallace und ihren Vorgängern nicht ohne das heftigste Sträuben der Zeitgenossen vollzogen. Die dritte und empfindlichste Kränkung aber soll die menschliche Größensucht durch die heutige psychologische Forschung erfahren, welche dem Ich nachweisen will, daß es nicht einmal Herr ist im eigenen Hause, sondern auf kärgliche Nachrichten angewiesen bleibt von dem, was unbewußt in seinem Seelenleben vorgeht. Auch diese Mahnung zur Einkehr haben wir Psychoanalytiker nicht zuerst und nicht als die einzigen vorgetragen, aber es scheint uns beschieden, sie am eindringlichsten zu vertreten und durch Erfahrungsmaterial, das jedem einzelnen nahegeht, zu erhärten. Daher die allgemeine Auflehnung gegen unsere Wissenschaft.

Sigmund Freud: Vorlesungen zur Einführung in die Psychoanalyse (1916/17). Studienausgabe Bd. I. S. Fischer Verlag, Frankfurt a. M., 12. Aufl. 1994, S. 283f.

Karl Barth: Das anthropozentrische Weltbild (1947)

■ *Karl Barth (1886–1968), der wohl einflußreichste Theologe des 20. Jahrhunderts, wurde im Dezember 1934 aus dem Dienst als Hochschullehrer in Bonn entlassen, weil er den Eid auf den Führer verweigerte; er übernahm anschließend eine Professur in seiner Geburtsstadt Basel. Barth versuchte konsequent, Gott in den Mittelpunkt aller theologischen Überlegungen zu stellen.*

Der Mensch des 18. Jahrhunderts ist der Mensch, dem es nicht länger unbekannt bleiben konnte und dem es in allen Konsequenzen klar wurde, was das bedeutete: daß Kopernikus und Galilei recht hatten, daß seine, des Menschen große, reiche Erde, der Schauplatz seiner Taten, nicht der Mittelpunkt der Raumwelt, sondern in dieser Raumwelt ein Stäublein unter unzähligen anderen ist. Was bedeutete sie, diese geradezu apokalyptische Umwälzung des Weltbildes? Unerhörte, grenzenlose Demütigung des Menschen? Nein, antwortete der Mensch des 18. Jahrhunderts, der diese Erkenntnis nicht gemacht, wohl aber zuerst voll und allgemein realisiert hat, nein, um so größer steht der Mensch da, noch ganz anders steht der Mensch im Mittelpunkt aller Dinge, der diese umwälzende Wahrheit durch eigene Mittel in Erfahrung zu bringen und in Begriffen zu denken, der, ohne daß sich irgend etwas verändert, ohne daß er irgend eine Einbuße zu erleiden hätte, eine über Nacht ins Unendliche gewachsene Welt zu betrachten, zu durchschauen vermag: offenkundig nun erst recht und nun gerade *seine* Welt! Es ist paradox genug, daß es so war, aber es war so: die Antwort auf jene Demütigung waren die den Menschen nun erst recht seiner selbst bewußt machenden philosophischen Systeme des Rationalismus, Empirismus und Skeptizismus. Der Ersatz des geozentrischen wurde mit größter Selbstverständlichkeit das anthropozentrische Weltbild.

Karl Barth: Die protestantische Theologie im 19. Jahrhundert. Theologischer Verlag Zürich 1947, S. 20f.

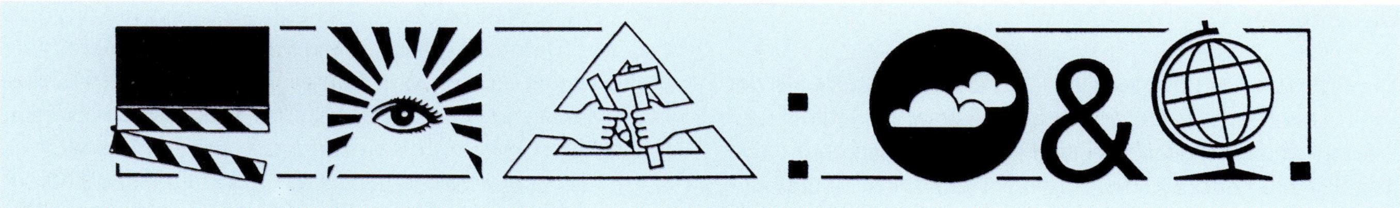

Die erste Zeile des Piktogramms »Die Schöpfung« (1992) von Juli Gudehus (geb. 1968). Nach: Juli Gudehus: Die Schöpfung, Kulturverlag Thaur 1993.

Michelangelo: Die Erschaffung Adams. Fresko in der Sixtinischen Kapelle, Rom
Der italienische Bildhauer, Maler und Baumeister Michelangelo Buonarroti (1475–1564) lebte zur Zeit der Renaissance (»Wiedergeburt«), welche die Antike wiederentdeckte und von den Erscheinungen der Natur und den Möglichkeiten des Menschen fasziniert war. Diese Epoche läutete das Ende des Mittelalters und den Beginn der Neuzeit ein.

Naturwissenschaften und Weltbild

1543 Nikolaus Kopernikus (1473–1543): Heliozentrisches Weltbild – Erde und Mensch verlieren ihre zentrale Stellung im Weltall.

1590/91 Galileo Galilei (1564–1642): Experimente zu den Fallgesetzen – Die moderne naturwissenschaftliche Forschung entsteht.

1609/19 Johannes Kepler (1571–1630): Keplersche Gesetze – Das kopernikanische Weltbild wird mathematisch berechenbar.

1687 Isaac Newton (1643–1727): Höhepunkt der klassischen Physik – Abläufe (Bewegungen) auf der Erde und im Weltall werden auf Grundkräfte (insbesondere die Gravitation) zurückgeführt und dadurch berechenbar und vorhersagbar. Es entsteht ein einheitliches, physikalisches Weltbild, geprägt von den Vorstellungen der Gesetzlichkeit, der Objektivität und des Determinismus.

1859/71 Charles Darwin (1809–1882): Deszendenztheorie – Die Entstehung und Entwicklung der Lebewesen wird durch einfache (kausalmechanistische) Naturgesetze erklärt. Auch der Mensch wird als Glied dieser allgemeinen Abstammungskette gesehen und büßt damit seine absolute Sonderstellung ein.

Um 1900 Sigmund Freud (1856–1939): Psychoanalyse – Der Mensch wird als ein von sexuellen (und aggressiven) Trieben beherrschtes Wesen neuentdeckt.

1905/15 Albert Einstein (1879–1955): Spezielle und allgemeine Relativitätstheorie – Raum und Zeit sind keine absoluten, sondern relative, d. h. vom Beobachter abhängige Größen. Die menschliche Naturerkenntnis ist nicht voraussetzungslos, sondern standortgebunden.

1927 Niels Bohr (1885–1962) und Werner Heisenberg (1901–1976): »Kopenhagener Deutung« der Quantentheorie – Komplementarität (Bohr): Zur vollständigen Beschreibung der Elementarteilchen sind zwei einander ausschließende Modelle (Welle-, Korpuskelmodell) notwendig. Naturwissenschaftliche Beschreibungen haben Modellcharakter. – Unschärferelation (Heisenberg): Ort und Impuls eines Elementarteilchens lassen sich nicht zugleich ermitteln, da durch den experimentellen Eingriff, mit dem man eine Größe bestimmen will, der Wert der jeweils anderen auf nicht bestimmbare Weise verändert wird. Eine vollständige Erfassung der Realität ist nicht möglich.

1938 Otto Hahn (1879–1968): Kernspaltung – Die Gewinnung riesiger Energiemengen wird möglich, ebenso eine Zerstörung der menschlichen Zivilisation, ja nahezu des gesamten Lebens auf der Erde.

1972 Bericht des »Club of Rome«: Die Grenzen des Wachstums – Die ökologische Krise tritt ins öffentliche Bewußtsein. Ohne eine radikale Umkehr ist das Überleben auf der Erde gefährdet. Es wird klar, daß die gesamte Natur ein zusammenhängendes, sensibles System ist, zu dem als ein Teil auch der Mensch gehört.

Das Weltbild des 16. und 17. Jahrhunderts

Nikolaus Kopernikus entdeckte, daß die Sonne im Mittelpunkt der Welt steht. Die Erde war damit ein Planet wie die anderen auch (vgl. Bild oben). Das mittelalterliche Weltbild kam jedoch erst richtig ins Wanken, als Giordano Bruno (1548–1600) gleichsam die Kristallschale des Fixsternhimmels zerbrach und die Vielzahl der Sonnen und die Unendlichkeit des Raumes entdeckte (vgl. Bild unten). Das endliche, dreistöckige Welthaus zerbrach. Gott verlor seine Wohnstatt. Die Welt selbst war nun von göttlicher Schönheit. Johannes Kepler suchte die Schöpfungsgedanken Gottes in dessen Schöpfung wiederzuentdecken. Er beschrieb die Welt als eine kunstvolle, berechenbare Harmonie (vgl. Bild Mitte). Später entwickelte er die Vorstellung, daß die Planeten auf Ellipsenbahnen kreisen, und stellte die sogenannten Keplerschen Gesetze auf. Isaac Newton entdeckte, daß das »himmlische Uhrwerk« keines ständigen Bewegers bedurfte. Die Bewegung der Welt, ihre Zweckmäßigkeit und Harmonie verweisen jedoch auf die Existenz eines intelligenten Schöpfergottes.
Der französische Philosoph René Descartes (1596–1650) zog einen radikalen Trennungsstrich zwischen Geist und Materie (Subjekt-Objekt-Dualismus) und betrachtete die Menschen als Herren und Eigentümer der Natur.

Das Weltbild des 18. und 19. Jahrhunderts

Newton verstand Gott als Hypothese, die er zur Erklärung der Weltwirklichkeit noch benötigte. Pierre Simon Laplace (1749–1827) kam ohne diese Hypothese aus. Die Welt gleicht jetzt einem gigantischen Uhrwerk, das, einmal aufgezogen, sich unaufhaltsam und ewig bewegt und doch zugleich vollkommen durchschaubar und berechenbar ist. Alle Elemente dieser Maschine haben die gleiche Beschaffenheit. Sie bestehen aus massiven und undurchdringlichen Teilchen, den Atomen, die sich ständig bewegen und durch Druck oder Stoß aufeinander einwirken. Alles, was ist und wird, ist das Ergebnis von Bewegung, Teilung, Vereinigung sowie der verschiedenartigen Anordnung dieser Teilchen, deren Bewegung ewigen Naturgesetzen gehorcht. Aus dem Augenblickszustand der Welt kann man diese Gesetze vollkommen erkennen und künftige Ereignisse mit Bestimmtheit vorausberechnen und einplanen. Es bleibt grundsätzlich nichts von der naturwissenschaftlichen Erkenntnis ausgenommen. Was man nicht weiß, weiß man *noch* nicht.
Der französische Arzt Julien Offray de Lamettrie (1709–1751) philosophierte, der Mensch sei eine Maschine.

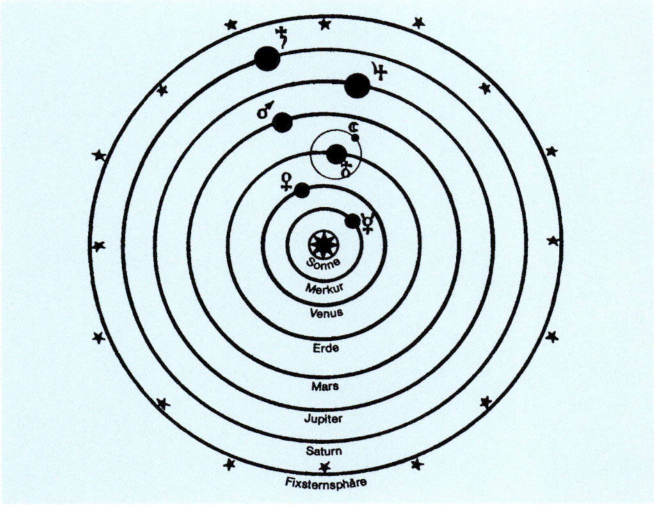

Originalseite aus dem Anfang des 16. Jahrhunderts verfaßten und 1543 veröffentlichten Hauptwerk des Nikolaus Kopernikus: »De revolutionibus orbium coelestium« (»Über die Umläufe der Himmelskörper«).

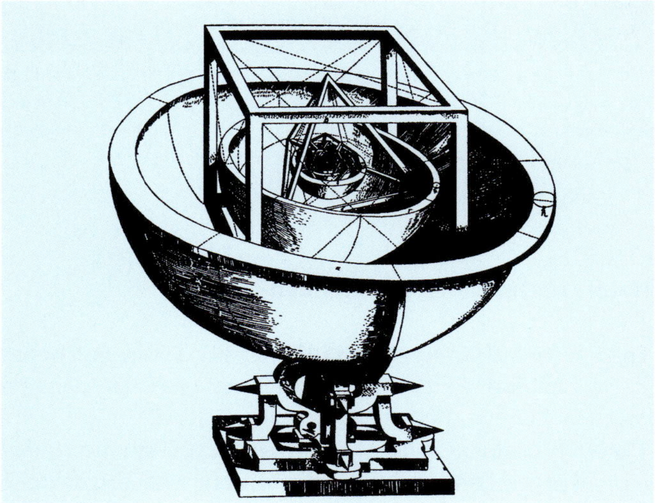

Aus Johannes Keplers »Mysterium Cosmographicum« (»Geheimnis des Weltbaues«) von 1596, in dem er den Versuch unternahm, die Planetenbahnen auf regelmäßige Raumkörper zurückzuführen. Originaldarstellung des Systems der Planetensphären (Kupferstich, 1596).

Dieses Bild, das üblicherweise als Holzschnitt aus dem 16. Jh. angesehen wird, ist eine Montage aus dem 1880 erschienenen Werk »L'Astronomie populaire« des französischen Astronomen Camille Flammarion. Die Darstellung sollte das Paradoxon einer endlichen Welt veranschaulichen (»Was wäre hinter der Grenze?«).

Weltbilder des 20. Jahrhunderts

Man kann heute nicht mehr unbedingt davon ausgehen, daß es ein allgemeingültiges wissenschaftliches Weltbild gibt. Manche Naturwissenschaftler verzichten darauf und begnügen sich mit Teilerklärungen in Form einzelner Theorien. Andere aber geben die Suche nach einem einheitlichen Weltbild nicht auf.
Je mehr einzelne Theorien in unterschiedlichen naturwissenschaftlichen Bereichen an Bedeutung gewinnen, fügen sie sich zu »Super-Theorien«, sogenannten »Paradigmen«, einer Art Teil-Weltbild, zusammen. Beispiele sind die Relativitäts-, die Quanten- und – in jüngster Zeit – die Chaos- und Selbstorganisationstheorie. Ob sich ein Paradigma durchsetzt, ist häufig erst im nachhinein feststellbar.

Ein *Weltbild im engeren Sinne* ist das *kosmologische:* Unsere Erde ist ein Teil des Sonnensystems, das mit etwa hundert Milliarden anderer Sonnensysteme eine Galaxie oder Milchstraße bildet, neben der es Milliarden weiterer Galaxien gibt. Der Mensch erscheint angesichts dieser Größe manchen als »Zigeuner am Rande des Universums« (Jaques Monod).

Ein *Weltbild im weiteren Sinne* ist die *Evolutionstheorie,* die sich in ganz verschiedenen naturwissenschaftlichen Teildisziplinen durchgesetzt hat.
Der englische Biologe und Privatgelehrte Charles Darwin entwickelte in seinem epochalen Werk »Über die Entstehung der Arten durch natürliche Zuchtwahl« (1859) mit der *Deszendenztheorie* (Abstammungslehre) den Versuch, die Entstehung der biologischen Artenvielfalt durch einen natürlichen, kausalmechanistischen Entwicklungsprozeß zu erklären. Darwin geht davon aus, daß bei der Nachkommenschaft eine gewisse Variationsbreite und ein »Überschuß« vorhanden sind. Nach dem Prinzip der »Selektion« überlebten und pflanzten im »Kampf ums Dasein« (»struggle for life«) nur die »Fittesten« sich fort (»survival of the fittest«). Die sich wiederholende »Auslese« unter den Nachkommen führte zu einer immer besseren Anpassung der Arten an die Umwelt und schließlich zur Transformation zu neuen Arten, es kam zum Wandel des Artbildes.
Darwin bezog in einem späteren Werk (»Die Abstammung des Menschen und die geschlechtliche Zuchtwahl«, 1871, dt. 1893) auch den Menschen in seine Deszendenzlehre ein. Der Neo-Darwinismus hat das Prinzip der Selektion durch das der Mutation, der zufälligen Veränderung der Gene, ergänzt.

Das 20. Jahrhundert stellte nicht nur die Frage nach der Entwicklung, sondern auch die nach der *Entstehung des Lebens.* In den zwanziger Jahren kam die Theorie auf, der erste lebende Einzeller habe sich in einem langen Evolutionsprozeß aus anorganischem Material gebildet. Viele Einzelschritte dieses Weges wurden inzwischen nachvollzogen. Man stellt sich vor, das Leben könnte in einer Art »Ursuppe« auf der präbiotischen Erde entstanden sein.

Mandelbrotmenge

In einem weiteren Schritt läßt sich die Evolutionstheorie auch auf die Entwicklung des gesamten Kosmos anwenden. Beobachtungen ergaben, daß sich die Galaxien des Weltalls voneinander entfernen, das Weltall sich also ausdehnt. Daraus entstand die Hypothese, das Weltall habe sich aus einem sehr dichten, komprimierten Anfangszustand durch eine Explosion (»Urknall«) gebildet. Die Urknall-Theorie ist nicht unumstritten. Andere Forscher sind der Meinung, im gesamten Weltall bilde sich immer neu Materie (»steady-state-Hypothese«).
Man kann also die Evolutionstheorie in drei Phasen, die kosmische, die chemische und die biologische Evolution, gliedern.

Seit Mitte des 20. Jahrhunderts erfuhr die biologische Evolutionstheorie im Anschluß an Konrad Lorenz eine spezifische Anwendung im Blick auf die Entstehung des *menschlichen Geistes.* Auch der menschliche Geist bildete und entwickelte sich in einem Evolutionsprozeß, in der durch Mutation und Selektion bedingten Anpassung an die Umwelt (»Evolutionistische Erkenntnistheorie«).

Das evolutive Weltbild umfaßt damit gegenwärtig das Weltgeschehen von der Entstehung des Kosmos bis hin zur Entwicklung des menschlichen Geistes. Es begreift die Welt nicht mehr als abgeschlossenes System, sondern als einen offenen Prozeß, bei dem völlig neuartige Weiterentwicklungen möglich sind. Der Mensch ist ein Teil der Natur, seine Geschichte ein Abschnitt des Evolutionsgeschehens.

Albert Einstein: Wissenschaftliche Wahrheit

■ Albert Einstein (1879–1955) aus Ulm, der bedeutendste Naturwissenschaftler des 20. Jahrhunderts, revolutionierte mit der Relativitätstheorie die Physik und erhielt 1921 den Nobelpreis. Nach der Machtübernahme Hitlers emigrierte er in die USA. Einstein beschäftigte sich neben naturwissenschaftlichen auch mit philosophischen, ethischen, religiösen und politischen Fragen.

1. Es ist schon nicht leicht, mit dem Wort »Wissenschaftliche Wahrheit« einen klaren Sinn zu verbinden. So ist der Sinn des Wortes »Wahrheit« verschieden, je nachdem es sich um eine Erlebnistatsache, einen mathematischen Satz oder eine naturwissenschaftliche Theorie handelt. Unter »religiöser Wahrheit« kann ich mir etwas Klares überhaupt nicht denken.
2. Wissenschaftliche Forschung kann durch Förderung des kausalen Denkens und Überschauens den Aberglauben vermindern. Es ist gewiß, daß eine mit religiösem Gefühl verwandte Überzeugung von der Vernunft bzw. Begreiflichkeit der Welt aller feineren wissenschaftlichen Arbeit zugrunde liegt.
3. Jene mit tiefem Gefühl verbundene Überzeugung von einer überlegenen Vernunft, die sich in der erfahrbaren Welt offenbart, bildet meinen Gottesbegriff; man kann ihn also in der üblichen Ausdrucksweise als »pantheistisch« (Spinoza) bezeichnen.

Albert Einstein: Über wissenschaftliche Wahrheit (1934). In: Mein Weltbild. Hg. von C. Seelig, Ullstein Verlag, Berlin, 25. Auflage 1993, S. 171.

Niels Bohr: Komplementarität

■ Niels Bohr (1885–1962), Physiker in Kopenhagen, entwickelte Modelle über den Aufbau des Atoms und später die sogenannte Kopenhagener Deutung der Quantentheorie, die er in einem Rundfunkvortrag vor dänischen und norwegischen Schülern am 1. April 1949 erläuterte.

Einige von euch haben vielleicht schon einmal von den überraschenden Schwierigkeiten gehört, vor die uns die Frage nach der Natur der Elektronen gestellt hat. Auf der einen Seite müssen wir ja das Elektron als ein Teilchen ansehen, da Messungen der Masse und der elektronischen Ladung eines Elektrons immer dasselbe Resultat ergeben. Auf der anderen Seite ist man bei der Beschreibung anderer Eigenschaften der Elektronen darauf angewiesen, Wellenbilder zu gebrauchen, die denen gleichen, die sich für die Beschreibung der Fortpflanzung des Lichts als unentbehrlich erwiesen haben. Überraschungen derselben Art sind uns auch bei der Frage nach der Natur des Lichts begegnet, indem die Wellenbilder ganz unzureichend sind, um Gesetze zu erklären, die für die Weise gelten, in der die Atome Lichtenergie aufnehmen und aussenden, und für deren Deutung man zu einer Beschreibung des Lichts hat greifen müssen, in der es als zusammengesetzt aus einzelnen Lichtquanten oder Photonen mit Teilchencharakter aufgefaßt wird.
Eine solche Situation, die bisher in der Physik ganz unbekannt war, mußte ja anfänglich völlig verwirrend wirken, aber mit der Zeit sah man ein, daß man die einander widersprechenden Bilder niemals braucht, um ein und dasselbe Phänomen zu beschreiben, sondern nur, um von Erfahrungen Rechenschaft zu geben, die unter verschiedenen, einander gegenseitig ausschließenden Versuchsbedingungen gewonnen waren. Solche Erfahrungen stehen deshalb zueinander in einem Verhältnis, das man als *komplementär* bezeichnet, um zu unterstreichen, daß sie, obwohl sie nicht in einem einzigen anschaulichen Bild vereinigt werden können, je für sich gleichgewichtigen Seiten der Gesamtheit der Informationen, die überhaupt gewonnen werden können, Ausdruck geben.

Berlingske Tidende, 2. April 1949; übersetzt von C. F. v. Weizsäcker.

Stephen Hawking: Eine einzige Theorie

■ Der an den Rollstuhl gefesselte Stephen Hawking (geb. 1942) ist Professor für Mathematik und Physik in Cambridge. In seinem zum Bestseller gewordenen Buch »Eine kurze Geschichte der Zeit« versuchte Hawking, die neuen Erkenntnisse der Naturwissenschaft über den Kosmos zusammenzufassen und weiterzuführen.

Letztlich ist es das Ziel der Wissenschaft, eine einzige Theorie zu finden, die das gesamte Universum beschreibt. [...]
Heute beschreibt die Physik das Universum anhand zweier grundlegender Teiltheorien: der allgemeinen Relativitätstheorie und der Quantenmechanik. Sie sind die großen geistigen Errungenschaften aus der ersten Hälfte dieses Jahrhunderts. Die allgemeine Relativitätstheorie beschreibt die Schwerkraft und den Aufbau des Universums im großen, das heißt in der Größenordnung von ein paar Kilometern bis hin zu einer Million Million Million Million (einer 1 mit 24 Nullen) Kilometern, der Größe des beobachtbaren Universums. Die Quantenmechanik dagegen beschäftigt sich mit Erscheinungen in Bereichen von außerordentlich geringer Ausdehnung wie etwa einem millionstel millionstel Zentimeter. Leider sind diese beiden Theorien nicht miteinander in Einklang zu bringen – sie können nicht beide richtig sein. Eine der Hauptanstrengungen in der heutigen Physik gilt der Suche nach einer neuen Theorie, die beide Teiltheorien enthält – nach einer Quantentheorie der Gravitation. Über eine solche Theorie verfügen wir bislang nicht, und möglicherweise sind wir noch weit von ihr entfernt, aber wir kennen bereits viele der Eigenschaften, die sie aufweisen muß. [...]
Wenn wir jedoch eine vollständige Theorie entdecken, dürfte sie nach einer gewissen Zeit in ihren Grundzügen für jedermann verständlich sein, nicht nur für eine Handvoll Spezialisten. Dann werden wir uns alle – Philosophen, Naturwissenschaftler und Laien – mit der Frage auseinandersetzen können, warum es uns und das Universum gibt. Wenn wir die Antwort auf diese Frage fänden, wäre das der endgültige Triumph der menschlichen Vernunft – denn dann würden wir Gottes Plan kennen.

Stephen W. Hawking: Eine kurze Geschichte der Zeit. Die Suche nach der Urkraft des Universums. Rowohlt Verlag, Reinbek 1988, S. 25–27, 218.

Milan Kunc (geb. 1944): Die Welt ist unauslotbar (1986).

C Naturwissenschaft und Theologie

Im Jahre 1600 brannte in Rom ein Scheiterhaufen. Nach siebenjähriger Haft, endlosen Verhören und qualvoller Folter wurde der Dominikanerpriester Giordano Bruno getötet. Er hatte das Kopernikanische Weltbild vertreten. Wenige Jahre später fiel auch Galileo Galilei in die Hände der Inquisition. Nikolaus Kopernikus selbst hatte in weiser Voraussicht die Herausgabe seines revolutionären Werkes bis kurz vor sein Lebensende hinausgeschoben.
Im 19. Jahrhundert verhöhnte dann ein führender deutscher Theologe die Abstammungslehre Darwins als »pathologisch«.
Auf grundlegende naturwissenschaftliche Entdeckungen reagierte die Kirche zuerst oft mit Ablehnung, gelegentlich sogar mit Feindschaft. Dies zeigt sich im Fall Galilei wie bei der Abstammungslehre Darwins.
Warum hat sich die Kirche in dieser Weise disqualifiziert? Muß es sein, daß ein moderner, wissenschaftlich denkender Mensch nicht mehr glauben kann?

6 Der Fall Galilei

1564 Galileo Galilei wird am 15. Februar in Pisa geboren.
1581–1585 Studium in Pisa
1589 Professor für Mathematik in Pisa
1590/1591 Experimente zu den Fallgesetzen
1592 Professor für Mathematik in Padua. Galilei verteidigt öffentlich das von Nikolaus Kopernikus und Johannes Kepler vertretene heliozentrische Weltbild.
1610 Mathematiker und Philosoph am Hof des Großherzogs der Toscana in Florenz
1611 Reise nach Rom. Galilei lernt die Kardinäle Barberini und Bellarmin kennen.
1612 Der Streit um die Lehre des Kopernikus beginnt.
1615/1616 Das Heilige Offizium verbietet die Lehre des Kopernikus. Sie darf höchstens als Arbeitshypothese vertreten werden. Galilei wird in Rom »ermahnt« und dann entlassen, nachdem er versprochen hat, sich der Weisung der Kirche zu unterwerfen.
1632 Galileis Werk »Dialogo« erscheint. Es vertritt die Lehre des Kopernikus.
1633 Anklage und Prozeß der Inquisition gegen Galilei. Die Folter droht. Galilei schwört ab (22. Juni). Verbot des »Dialog«. Zu lebenslanger Haft verurteilt, kann Galilei jedoch in Privathäusern bei Bekannten leben.
1638 Die Schrift »Discorsi« mit wichtigen naturwissenschaftlichen Forschungsergebnissen erscheint.
1642 Galilei stirbt am 8. Januar.
1835 Der »Dialog« wird vom Index der verbotenen Bücher gestrichen.
1992 Nachdem die katholische Kirche den Prozeß gegen Galilei neu aufgerollt hatte, spricht sie Galilei nachträglich frei.

Der Papst rehabilitiert Galilei. Nach 359 Jahren Irrtum der Kirche eingestanden

ROM, 1. November (AP/AFP). Fast 360 Jahre nach dessen Verurteilung durch die katholische Inquisition hat Papst Johannes Paul II. am Samstag den italienischen Physiker und Mathematiker Galileo Galilei (1564–1642) offiziell rehabilitiert. Der Papst erklärte, die Kirche habe geirrt, als sie Galilei am 22. Juni 1633 wegen seiner Lehre verurteilte, daß die Erde nicht der Mittelpunkt des Universums sei, da die sich um die Sonne drehe – und nicht die Sonne um die Erde, wie damals die offizielle Kirchenlehre lautete. Galilei war von der Inquisition unter Androhung der Folter gezwungen worden, seiner der Lehre des Kopernikus entnommenen These abzuschwören, und zu lebenslanger Haft verurteilt worden. Die Strafe wurde später in Hausarrest umgewandelt.
Die Theologen der damaligen Zeit hätten in ihrer Annahme geirrt, daß der Wortsinn der Heiligen Schrift den physischen Zustand der Welt beschreibe, sagte Johannes Paul jetzt. Man habe damals nicht erkannt, daß es »zwei Reiche des Wissens gibt: eines, dessen Quelle die Offenbarung ist, und eines, welches der Verstand durch eigene Kraft erkennen kann«. Der Papst nannte die Entscheidung der Inquisitionsrichter von 1633 »voreilig und unglücklich«. Von der Sorge geleitet, den Glauben zu verteidigen, hätten sie geglaubt, Schlußfolgerungen zurückweisen zu müssen, die »ernsthaft begründet« gewesen seien.
Johannes Paul bezeichnete Galilei als einen »ehrlichen Gläubigen« und »genialen Physiker« und sprach von »tragischem gegenseitigen Unverständnis« zwischen den Richtern und Galilei. Der französische Kardinal Paul Poupard, der die Nachforschungen zur Revision des Urteils gegen Galilei leitete, war zu dem Schluß gelangt, daß die Richter der Inquisition ein »subjektiv falsches Urteil« getroffen hätten. Doch hätten »ausnahmslos alle Teilnehmer« des Prozesses »aus gutem Glauben« gehandelt.

Frankfurter Rundschau, 2. November 1992

Abschwörungsurkunde vom 22. Juni 1633

Ich, Galileo, Sohn des Vinzenz Galilei aus Florenz, siebzig Jahre alt, stand persönlich vor Gericht und knie vor Euch Eminenzen, die Ihr in der ganzen Christenheit die Inquisitoren gegen die ketzerische Verworfenheit seid. Ich habe vor mir die heiligen Evangelien, berühre sie mit der Hand und schwöre, daß ich immer geglaubt habe, auch jetzt glaube und mit Gottes Hilfe auch in Zukunft glauben werde alles, was die heilige katholische und apostolische Kirche für wahr hält, predigt und lehrt. Es war mir von diesem Heiligen Offizium von Rechts wegen die Vorschrift auferlegt worden, daß ich völlig die falsche Meinung aufgeben müsse, daß die Sonne der Mittelpunkt der Welt ist, und daß sie sich nicht bewegt, und daß die Erde nicht der Mittelpunkt der Welt ist, und daß sie sich bewegt. Es war mir weiter befohlen worden, daß ich diese falsche Lehre nicht vertreten dürfe, sie nicht verteidigen dürfe und daß ich sie in keiner Weise lehren dürfe, weder in Wort noch in Schrift. Es war mir auch erklärt worden, daß jene Lehre der Heiligen Schrift zuwider sei. Trotzdem habe ich ein Buch geschrieben und zum Druck gebracht, in dem ich jene bereits verurteilte Lehre behandle und in dem ich mit viel Geschick Gründe zugunsten derselben beibringe, ohne jedoch zu irgendeiner Entscheidung zu gelangen. Daher bin ich der Ketzerei in hohem Maße verdächtig befunden worden, darin bestehend, daß ich die Meinung vertreten und geglaubt habe, daß die Sonne Mittelpunkt der Welt und unbeweglich ist, und daß die Erde nicht Mittelpunkt ist und sich bewegt. Ich möchte mich nun vor Euren Eminenzen und vor jedem gläubigen Christen von jenem schweren Verdacht, den ich gerade näher bezeichnete, reinigen. Daher schwöre ich mit aufrichtigem Sinn ohne Heuchelei ab, verwünsche und verfluche jene Irrtümer und Ketzereien und darüber hinaus ganz allgemein jeden irgendwie gearteten Irrtum, Ketzerei oder Sektiererei, die der Heiligen Kirche entgegen ist. Ich schwöre, daß ich in Zukunft weder in Wort noch in Schrift etwas verkünden werde, das mich in einen solchen Verdacht bringen könnte. Wenn ich aber einen Ketzer kenne oder jemanden der Ketzerei verdächtig weiß, so werde ich ihn diesem Heiligen Offizium anzeigen oder ihn dem Inquisitor oder der kirchlichen Behörde meines Aufenthaltsortes angeben.

Ich schwöre auch, daß ich alle Bußen, die mir das Heilige Offizium auferlegt hat oder noch auferlegen wird, genauestens beachten und erfüllen werde. Sollte ich irgendeinem meiner Versprechen und Eide, was Gott verhüten möge, zuwiderhandeln, so unterwerfe ich mich allen Strafen und Züchtigungen, die das kanonische Recht und andere allgemeine und besondere einschlägige Bestimmungen gegen solche Sünder festsetzen und verkünden. Daß Gott mir helfe und seine heiligen Evangelien, die ich mit den Händen berühre.

Ich, Galileo Galilei, habe abgeschworen, geschworen, versprochen und mich verpflichtet, wie ich eben näher ausführte. Zum Zeugnis der Wahrheit habe ich diese Urkunde meines Abschwörens eigenhändig unterschrieben und sie Wort für Wort verlesen, in Rom im Kloster der Minerva am 22. Juni 1633. Ich, Galileo Galilei, habe abgeschworen und eigenhändig unterzeichnet.

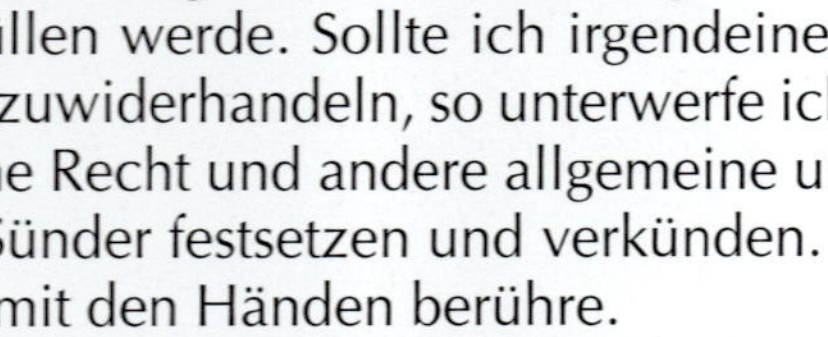

Aus: Johannes Hemleben: Galileo Galilei, Rowohlt Verlag, Reinbek, 14. Auflage 1994, S. 7f.

Stimmen zum Prozeß

■ Der Angeklagte: Die absolute Wahrheit

Mir scheint, wir sollten in der Diskussion von Naturproblemen nicht von der Autorität der Bibeltexte ausgehen, sondern von der Sinneserfahrung und von notwendigen Beweisführungen. Denn die Heilige Schrift und die Natur gehen gleicherweise aus dem göttlichen Wort hervor, die eine als Diktat des Heiligen Geistes, die andere als gehorsamste Vollstreckerin von Gottes Befehlen. Zudem ist es der Heiligen Schrift erlaubt (da sie sich dem Verständnis aller Menschen zuneigt), manche Dinge – soweit es die reine Wortbedeutung angeht – scheinbar abweichend von der absoluten Wahrheit zu sagen. Aber die Natur ist andererseits unerklärlich und unwandelbar; sie überschreitet nie die Grenzen der Gesetze, die ihr auferlegt sind, so als ob es sie nicht kümmere, ob ihre dunklen Gründe und Wirkweisen dem Verstehen des Menschen greifbar sind oder nicht. Es ist klar, daß jene Dinge, natürliche Wirkungen betreffend, die entweder die Erfahrung der Sinne uns vor Augen stellt oder notwendige Demonstrationen uns beweisen, auf keinen Fall auf Grund von Schrifttexten, die wahrscheinlich etwas ganz anderes meinen, in Frage gestellt oder gar verurteilt werden dürfen. Denn ein Ausdruck der Heiligen Schrift ist nicht an strikte Bedingungen gebunden wie jede Wirkung in der Natur; und Gott offenbart sich nicht weniger herrlich in den Wirkungen der Natur als in den heiligen Worten der Schrift.
Natürlich ist es nicht die Absicht des Heiligen Geistes, uns Physik oder Astronomie zu lehren oder uns zu zeigen, ob sich die Erde bewegt oder nicht. Diese Fragen sind theologisch neutral; wir sollten jedoch den heiligen Text respektieren und, wo es angebracht ist, die Ergebnisse der Wissenschaft benutzen, um seine Bedeutung zu erkennen.

Brief Galileis an Christine von Lothringen, 1615.

■ Der katholische Theologe Heinrich Fries (geb. 1911): Eine Fehlentscheidung

Ich glaube, der Fall Galilei ist heute keine Frage der Theologie mehr; die Theologie sagt, so oft Sie es hören wollen: Die Entscheidung gegen Galilei war falsch, war ein Unglück; hier wurde eine Beanspruchung des Glaubens und der Bibel für Fragen proklamiert, für die Glaube und Bibel gar nicht zuständig sind. Fragen des Weltbildes, kopernikanisch und heliozentrisch oder das ptolemäische, sind keine Fragen des Glaubens. Das geht die Theologie gar nichts an. Natürlich, man kann [...] verstehen, wieso im Falle des neuen Weltbildes dieser große Schreck in die Menschen gefahren ist. Auch Bert Brecht stellt in seinem »Galileo Galilei« die Frage: »Was geschieht nun mit dem Menschen, wenn das Weltbild umgestürzt wird?« Trotzdem war der Fall Galilei ein Unglück insofern, als nun die Naturwissenschaft glaubte, im Konflikt mit dem Glauben existieren zu müssen. Andererseits wurden die Theologie und der Glaube dem Geist der Neuzeit und der Naturwissenschaft entfremdet, und man meinte, das müsse so sein. Es hat langer Zeit bedurft, bis diese Entfremdung aufgehoben wurde. [...] Der Fall Galilei ist nicht bloß endgültig vorbei, sondern er ist als Fehlentscheidung darzustellen, er darf sich – das ist die Konsequenz – in keiner Weise wiederholen.

H. Fries und P. Glockmann: Ich sehe keinen Gott. Ein Dialog zwischen Naturwissenschaft und Theologie. Hg. von K. Seeberger. Freiburg i. Br. 1973, S. 88f.

■ Der Physiker Carl Friedrich von Weizsäcker (geb. 1912): Der Mythos von Galilei

Die neuzeitliche Naturwissenschaft hat ihren eigenen historischen Mythos. Es ist der Mythos von Galilei: Dieser Mythos versichert, man habe im dunklen Mittelalter die Spekulationen des Aristoteles hochgeschätzt, die sich um Beobachtungen nicht kümmerten, aber Galilei habe der Wissenschaft die Bahn gebrochen, indem er die Welt so beschrieb, wie wir sie wirklich erfahren. Wie jeder Mythos drückt auch dieser ein Stückchen Wahrheit aus; sicher hat er recht mit der hohen Schätzung Galileis. Aber ich glaube, er entstellt vollkommen die Natur von Galileis wahrer Leistung. Ich wäre bereit, diese Leistung zu charakterisieren, indem ich in jedem Punkt genau das Gegenteil des Mythos ausspräche. Daher sage ich: Das späte Mittelalter war in keiner Weise ein dunkles Zeitalter; es war eine Zeit hoher Kultur, von gedanklicher Energie sprühend. Jene Zeit übernahm die Philosophie des Aristoteles, weil er sich mehr als irgendein anderer der sinnlichen Wirklichkeit annahm. Aber die Hauptschwäche des Aristoteles war, daß er zu empirisch war. Deshalb brachte er es nicht zu einer mathematischen Theorie der Natur. Galilei tat seinen großen Schritt, indem er wagte, die Welt so zu beschreiben, wie wir sie nicht erfahren. Er stellte Gesetze auf, die in der Form, in der er sie aussprach, niemals in der wirklichen Erfahrung gelten und die darum niemals durch irgendeine einzelne Beobachtung bestätigt werden können, die aber dafür mathematisch einfach sind. [...]
Aber warum gelang es ihm nicht, die Kirche zu überzeugen? Ich fürchte, ich muß antworten: weil er eben nicht eine klar erkennbare wissenschaftliche Wahrheit gegen mittelalterliche Rückständigkeit verteidigte. Die Dinge lagen eher umgekehrt: er konnte nicht beweisen, was er behauptete, und die Kirche seiner Zeit war nicht mehr mittelalterlich. [...]
Wir können also sogar behaupten, daß die Inquisition von Galilei nicht mehr verlangte, als daß er nicht mehr sagen sollte, als er beweisen konnte. Er war der Fanatiker in dieser Auseinandersetzung. Aber wir müssen nun den Spieß noch einmal umdrehen: Er hatte damit recht, daß er der Fanatiker war. Die großen Fortschritte der Wissenschaft geschehen nicht, indem man ängstlich am Beweisbaren klebt. Sie geschehen durch kühne Behauptungen, die den Weg zu ihrer eigenen Bestätigung oder Widerlegung selbst erst öffnen. [...]
Wir müssen versuchen, den Motiven der Kirche gerecht zu

werden. [...] Wenn ich dem Kardinal Bellarmin etwas mehr Hellsicht zutraue als er vermutlich hatte – muß ihn nicht geschaudert haben beim Gedanken an die Folgen des herannahenden Zeitalters ungezügelter Forschung? Ein gerader Weg von dreihundert Jahren führt von der klassischen Mechanik zur Mechanik der Atome. Ein gerader Weg von zwanzig Jahren führt von der Atommechanik zur Atombombe. Ob diese Bombe die westliche Zivilisation zerstören wird, aus der sie hervorgegangen ist, wissen wir noch nicht. Wäre einer von uns im Jahr 1615 Kardinal gewesen, und hätte er die Zukunft übersehen bis 1964, aber nicht weiter, hätte er gewagt, das Risiko dieser Entwicklung auf seine Verantwortung zu nehmen, wenn es eine Aussicht gab, sie noch aufzuhalten?

Carl Friedrich von Weizsäcker: Die Tragweite der Wissenschaft. S. Hirzel Verlag, Stuttgart, 6. Aufl. 1990, S. 107, 113–116.

■ Der Wissenschaftstheoretiker Paul Feyerabend (1924–1994): Das Urteil war sachlich einwandfrei

Dabei war die Kirche keinesfalls dogmatisch. Sie sagte nicht: was der Bibel, so wie wir sie verstehen, widerspricht, das ist falsch, ganz gleich wie gut die wissenschaftliche Begründung ist. *Eine Wahrheit, auch wenn sie mit rein wissenschaftlichen Mitteln gefunden war, wurde von ihr nicht beiseitegeschoben.* Ganz im Gegenteil, sie wurde verwendet, um traditionelle Auffassungen vom Sinne bestimmter Bibelstellen zu revidieren. Zum Beispiel gibt es viele Bibelstellen, in denen die Erde eindeutig als flach beschrieben wird. Dennoch war die Auffassung von der Kugelförmigkeit der Erde schon im 11. Jahrhundert ein fester Bestandteil der Kirchenlehre. Andrerseits war die Kirche nicht bereit, ihre Auffassung schon auf Grund vager Vermutungen zu ändern. Sie wollte *Beweise* – in wissenschaftlichen Dingen also wissenschaftliche Beweise. Im Fall des Kopernikus lagen solche Beweise nach Ansicht der Fachleute nicht vor. Darum wurde es Galilei im ersten Prozeß auch verboten, die Kopernikanische Lehre *als Wahrheit* vorzutragen. Es wurde ihm aber gestattet, sie weiterhin als brauchbare und vielleicht sogar sehr überlegene *Hypothese* vorzutragen. [...]
Ich fasse zusammen: Das Urteil der kirchlichen Fachleute, das der Anweisung an Galilei im ersten Prozeß zugrunde lag, war sachlich einwandfrei – die kopernikanische Lehre war damals in der Tat unwissenschaftlich und unbegründet – und hatte auch die rechte soziale Intention, die Intention nämlich, die Öffentlichkeit vor den Machenschaften der Wissenschaftler zu schützen. Die Revision des Urteils ist sehr ungerecht gegenüber den vielen anderen Menschen der Zeit, die auch verurteilt wurden, um deren Schicksal sich die gelehrten Herren von heute und ihre Anbeter unter den Theologen aber nicht im geringsten kümmern. Sie wäre auch nicht sachlich: gegeben die Situation der Zeit und die damals vorliegende Evidenz war das Urteil ja völlig angebracht. Sie ist aber sehr opportun für eine Kirche, die scheinbar nicht mehr den Mut hat, einer so großen sozialen Kraft wie den Wissenschaften und ihren Mythen (den Galilei-Mythos eingeschlossen) kritisch entgegenzutreten.

Paul K. Feyerabend, Christian Thomas (Hg.): Wissenschaft und Tradition. Zürich 1983, S. 188, 192.

Bertolt Brecht (1898–1956) Leben des Galilei (Erstfassung 1938/39). Galilei demonstriert dem jungen Andrea Sarti Stellungen und Umläufe der Planeten sowie – mit Hilfe eines Apfels – die Mittelpunktstellung der Sonne und die Kreisbewegung der Erde. Stadttheater Würzburg, Aufnahme von der Premiere am 1. Oktober 1995, Inszenierung: Tebbe Harms Kleen.

7 Der Streit um die Evolution

In sieben Tagen erschaffen. Aus einem Katechismus Ende des 19. Jahrhunderts. Paris, Musée des A.T.P.

Affig

Wetzlar, 18. September (idea). Auf scharfe Kritik ist eine Werbekampagne der Allgemeinen Ortskrankenkassen (AOK) bei der Konferenz Evangelikaler Publizisten (kep) in Wetzlar gestoßen. In Anzeigen und auf Plakaten wirbt die AOK mit einer Darstellung, die die angebliche Entwicklung des Menschen von einem affenähnlichen Vorfahren her aufzeigt. Ein kep-Vorstandsmitglied protestierte, diese Art der Werbung diffamiere jene Menschen, die sich als Geschöpf Gottes betrachten. Die AOK mache sich außerdem die Evolutionstheorie zu eigen, die von Teilen der Wissenschaft in Frage gestellt werde. Mit der Werbung habe die AOK ihre weltanschauliche Neutralität verletzt. Eine weiteres kep-Vorstandsmitglied bezeichnete die Reklame als »kostenträchtigen Rückfall in den Diskussionsstand des vorigen Jahrhunderts«.
Die kep nimmt die medienpolitischen Interessen der Deutschen Evangelischen Allianz wahr, die über eine Million theologisch konservative Protestanten repräsentiert.

Frankfurter Rundschau, 19. September 1990

Mit der AOK kann sich Ihr Rücken positiv entwickeln.
Der gesunde Tip Nr. 6
Tips und Übungen für den aufrechten Gang.
Man kann sich drehen und wenden wie man will: der Rücken ist eine Schwachstelle unseres Körpers. Daran konnte selbst die Evolution nichts ändern. Sie können aber, mit wenigen Minuten am Tag, viel Positives für Ihren Rücken tun. Tips und Übungen für den aufrechten Gang gibt es, zum Beispiel als Broschüre, kostenlos bei Ihrer AOK.
Für Ihre Gesundheit machen wir uns stark.
Dryopithecus
Ramapithecus
Neandertaler
Homo sapiens industrius
AOK
Die Gesundheitskasse.

Der Streit um Darwins Abstammungslehre

Die Abstammungslehre Darwins, vor allem der Gedanke der Abstammung des Menschen aus dem Tierreich, stieß in religiösen Kreisen zunächst auf erbitterten Widerstand. Nach einer Wanderlegende soll die Frau eines englischen Bischofs entsetzt ausgerufen haben: »Meine Güte! Abkömmlinge der Affen! Laßt uns hoffen, daß es nicht so ist, aber wenn es wahr ist, dann laßt uns beten, daß es nicht allgemein bekannt wird!«
Tatsächlich führte die Auseinandersetzung zwischen der anglikanischen Kirche und den Anhängern Darwins schon 1860, ein Jahr nach Erscheinen von Darwins »Entstehung der Arten«, zu einer berühmt gewordenen öffentlichen Debatte zwischen Thomas H. Huxley, einem Freund Darwins, und Samuel Wilberforce, Bischof von Oxford. Der Biologe Huxley soll aus dieser Diskussion als anerkannter Sieger hervorgegangen sein.
In Deutschland entstand eine Frontstellung zwischen Theologen, welche Gottes »Schöpfungstat« gegen den Entwicklungsgedanken zu verteidigen suchten, und Naturwissenschaftlern um den Zoologen Ernst Haeckel, der eine von der Abstammungslehre ausgehende einheitliche (monistische) Weltanschauung begründen wollte. Im Jahre 1906 wurde unter Haeckels Vorsitz der »Deutsche Monistenbund« gegründet. Im Gegenzug schlossen sich ein Jahr später christliche Wissenschaftler zum »Keplerbund« zusammen. Der Monistenbund wurde 1933 von den Nazis verboten und 1946, ohne wesentliche öffentliche Resonanz, neugegründet. Er ist Teil der Freidenkerbewegung. Der »Keplerbund« gewann keine größere Bedeutung.

Charles Darwin in einer Karikatur (1871). Aus: J. Huxley and D.B.D. Kettlewell: Charles Darwin and his World. Thames and Hudson, London 1965.

Otto Zöckler: Man kann nicht Darwinist und Christ sein! (1869)

■ *Der Greifswalder Theologieprofessor Otto Zöckler erklärte, man müsse den Darwinismus »vor allem unter pathologischem Gesichtspunkt« betrachten. In einem Vortrag zum Thema »Schöpfungsgeschichte und Naturwissenschaft« sagte er im Jahre 1869:*

Auf keinem Gebiet pflegte der biblische Gottesbegriff heutzutage mehr Angriffe zu erfahren als hinsichtlich der Lehre von der Erschaffung der Welt durch den unbedingten Macht- und Liebeswillen Gottes. [...] An der Behauptung eines Erschaffenseins der ganzen Welt, d. h. der gesamten materiellen und geistigen Wirklichkeit durch Gott, nimmt man den stärksten Anstoß; und insbesondere die Form, in welche die heilige Schrift Alten Testaments diese Behauptung einkleidet, ist *neuerdings wahrhaft verteidigungsbedürftig geworden.* [...]
Wir halten fest an den Grundwahrheiten der geoffenbarten Weltansicht, wie sie der mosaische Bericht in großartiger Übereinstimmung mit den Ergebnissen einer wahrhaft gesunden und tief eindringenden Naturforschung darbietet. Keine dieser erhebenden Wahrheiten der biblischen Schöpfungslehre lassen wir uns nehmen, weder das große Grundbekenntnis des Monotheismus, wonach Gott im Anfange, d. h. im Anfange aller Zeiten, den Himmel und die Erde und alles, was darin lebt und webt, durch freie Entschließung seines Macht- und Liebeswillens ins Dasein gerufen, noch die im Alten Testament bereits angedeutete, im Neuen aber bestimmt und klar gelehrte nähere Bestimmung dieses Schöpfungsaktes, wonach es der dreieinige Gott ist, dem das Universum sein Dasein verdankt oder wonach Gott der Vater durch den Sohn im heiligen Geiste die Welt geschaffen hat. Und so wenig wie diese trinitarische oder spezifisch-christliche Bestimmtheit des Schöpfungsbegriffes, ebensowenig geben wir irgendein wesentliches Moment von den die Einkleidung des Schöpfungsherganges nach biblischer Überlieferung bildenden Tatsachen auf: weder die Erschaffung des Lichts an der Spitze von allen Weltwesen [...], noch ferner die artlich und gattungsmäßig verschiedene Erschaffung der Pflanzen und Tiere, ihr Erschaffensein nach dem göttlichen Grundsatze: »ein Jegliches nach seiner Art« (1. Mose 1,11.12.21ff) – denn nie wird die Darwinsche Theorie ihre phantastische Behauptung eines allmählichen Hervorgegangenseins sämtlicher Organismen aus einer Urform wissenschaftlich zu erhärten vermögen; noch endlich das vom festlichen Abschlusse des Schöpfungswerkes Berichtete, die Erschaffung des Menschen unmittelbar nach oder zum Teil noch neben den höchsten Land-Säugetieren, seine Erschaffung zum Bilde Gottes und mit der Bestimmung zur Herrschaft über die gesamte niedere Schöpfung [...].
Eine Aufnahme der öden, trostlosen und abenteuerlich-phantastischen Weltentwicklungslehre der Darwinisten [...] anstatt des Glaubens an ein Erschaffensein aller Dinge durch den allmächtigen dreieinigen Gott der Bibel, es würde das schlechteste Tauschgeschäft sein, worein wir uns einlassen könnten [...].
Die Lehre von der Schöpfung ist von grundlegender Bedeutung für das Ganze unserer Heilswahrheit, insbesondere auch für den Glauben an die Person und das Werk Christi. Man kann nicht auf schöpfungsgeschichtlichem Gebiete ein Darwinist oder Materialist und dabei doch ein Christ sein!

Otto Zöckler, Neun apologetische Vorträge über einige wichtige Fragen und Wahrheiten des Christentums, Gotha 1869, S. 3, 45–50.

Ernst Haeckel: Gott als »gasförmiges Wirbeltier« (1899)

■ *Ernst Haeckel (1834–1919), Zoologieprofessor in Jena, machte den Darwinismus in Deutschland bekannt. Seine wissenschaftlichen Leistungen sind unbestritten. Seine weltanschaulichen Positionen aber fanden neben begeisterter Zustimmung auch heftige Kritik. Das ein Jahr vor der Jahrhundertwende veröffentlichte Werk »Die Welträtsel« avancierte zum Beststeller und wurde in zahllosen Neuauflagen und allgemein erschwinglichen »Volksausgaben« immer wieder neu gedruckt.*

Gott und Welt

Der persönliche Anthropismus Gottes ist bei der großen Mehrzahl der Gläubigen zu einer so natürlichen Vorstellung geworden, daß sie keinen Anstoß an der menschlichen Personifikation Gottes in Bildern und Statuen nehmen und an den mannigfaltigen Dichtungen der Phantasie, in welchen Gott menschliche Gestalt annimmt, d. h. sich in ein Wirbeltier verwandelt. In vielen Mythen erscheint die Person Gottes auch in Gestalt anderer Säugetiere (Affen, Löwen, Stiere usw.), seltener in Gestalt von Vögeln (Adler, Tauben, Störche) oder in Form von anderen Wirbeltieren (Schlangen, Krokodile, Drachen).

In den höheren und abstrakteren Religionsformen wird diese körperliche Erscheinung aufgegeben und Gott nur als »reiner Geist« ohne Körper verehrt. »Gott ist ein Geist, und wer ihn anbetet, soll ihn im Geist und in der Wahrheit anbeten.« Trotzdem bleibt aber die Seelentätigkeit dieses reinen Geistes ganz dieselbe wie diejenige der anthropomorphen Gottes-Person. In Wirklichkeit wird auch dieser immaterielle Geist nicht unkörperlich, sondern unsichtbar gedacht, gasförmig. Dieser Anthropismus führt zu der paradoxen Vorstellung Gottes als eines sogenannten »gasförmigen Wirbeltieres« [...].

Wissen und Glauben

In den indischen und ägyptischen Religionen, in der hellenischen und römischen Mythologie, im Talmud wie im Koran, im Alten wie im Neuen Testament – denken, sprechen und handeln die Götter ganz wie die Menschen, und die Offenbarungen, in denen sie uns die Geheimnisse des Daseins enthüllen, die dunkeln Welträtsel lösen wollen, sind Dichtungen der menschlichen Phantasie. Die Wahrheit, welche der Gläubige darin findet, ist menschliche Erfindung, und der »kindliche Glaube« an diese unvernünftigen Offenbarungen ist unhaltbarer Aberglaube.

Die wahre Offenbarung, d.h. die wahre Quelle vernünftiger Erkenntnis, ist nur in der Natur zu finden. Der reiche Schatz wahren Wissens, der den wertvollsten Teil der menschlichen Kultur darstellt, ist einzig und allein den Erfahrungen entsprungen, welche der forschende Verstand durch Naturerkenntnis gewonnen hat, und den Vernunftschlüssen, welche er durch richtige Assozion dieser empirischen Vorstellungen gebildet hat. Jeder vernünftige Mensch mit normalem Gehirn und normalen Sinnen schöpft bei unbefangener Betrachtung aus der Natur diese wahre Offenbarung und befreit sich damit von dem Aberglauben, welchen ihm die Offenbarungen der Religion aufgebürdet haben. [...]

Wissenschaft und Christentum

Zu den hervorragenden Charakterzügen des vielbewegten 19. Jahrhunderts gehört die wachsende Schärfe des Gegensatzes zwischen Wissenschaft und Christentum. Das ist ganz natürlich und notwendig; denn in demselben Maße, in welchem die siegreichen Fortschritte der modernen Naturerkenntnis alle wissenschaftlichen Eroberungen früherer Jahrhunderte überflügeln, ist zugleich die Unhaltbarkeit aller jener mystischen Weltanschauungen offenbar geworden, welche die Vernunft unter das Joch der sogenannten »Offenbarung« beugen wollten; und dazu gehört auch die christliche Religion. [...]

Schlußbetrachtung

Die Zahl der Welträtsel hat sich durch die angeführten Fortschritte der wahren Naturerkenntnis im Laufe des 19. Jahrhunderts stetig vermindert; sie ist schließlich auf ein einziges allumfassendes Universalrätsel zurückgeführt, auf das Substanz-Problem. Was ist denn nun eigentlich im tiefsten Grunde dieses allgewaltige Weltwunder, welches der realistische Naturforscher als Natur oder Universum verherrlicht, der idealistische Philosoph als Substanz oder Kosmos, der fromme Gläubige als Schöpfer oder Gott? [...]

Da überragt alle anderen Fortschritte und Entdeckungen des verflossenen »großen Jahrhunderts« das gewaltige allumfassende Substanzgesetz, das »Grundgesetz von der Erhaltung der Kraft und des Stoffes«. Die Tatsache, daß die Substanz überall einer ewigen Bewegung und Umbildung unterworfen ist, stempelt dasselbe zugleich zum universalen Entwicklungs-Gesetz. Indem dieses höchste Naturgesetz festgestellt und alle anderen ihm untergeordnet wurden, gelangten wir zur Überzeugung von der universalen Einheit der Natur und der ewigen Geltung der Naturgesetze. Aus dem dunklen Substanz-Problem entwickelte sich das klare Substanz-Gesetz. Der Monismus des Kosmos, den wir darauf begründen, lehrt uns die ausnahmslose Geltung der »ewigen, ehernen, großen Gesetze« im ganzen Universum. Damit zertrümmert derselbe aber zugleich die drei großen Zentraldogmen der bisherigen dualistischen Philosophie, den persönlichen Gott, die Unsterblichkeit der Seele und die Freiheit des Willens. [...]

Die alte Weltanschauung des Idealdualismus mit ihren mystischen und anthropistischen Dogmen versinkt in Trümmer; aber über diesem gewaltigen Trümmerfelde steigt hehr und herrlich die neue Sonne unseres Realmonismus auf, welche uns den wunderbaren Tempel der Natur voll erschließt. In dem reinen Kultus des »Wahren, Guten und Schönen«, welcher den Kern unserer neuen monistischen Religion bildet, finden wir reichen Ersatz für die verlorenen anthropistischen Ideale von »Gott, Freiheit und Unsterblichkeit«.

Erläuterungen: *Anthropismus:* Menschenartigkeit – *anthropomorph:* menschlich gestaltet – *Assozion:* Verknüpfung

Ernst Haeckel: Die Welträtsel. Gemeinverständliche Studien über Monistische Philosophie. Volksausgabe, Leipzig 1908, S. 132, 141, 173.

8 Trennung von Naturwissenschaft und Theologie

In der Zeit nach dem Ersten Weltkrieg beschränkten sich sowohl die Naturwissenschaftler als auch die Theologen mehr und mehr auf »ihr« Aufgabenfeld und verzichteten auf eine ausdrückliche Auseinandersetzung mit dem Denken der anderen Seite. Die modernen Naturwissenschaften brauchten die Theologie nicht mehr, die Theologie konzentrierte sich auf die Gottesbeziehung des Menschen und schenkte weder der Natur noch der Naturwissenschaft große Aufmerksamkeit.

Karl Barth: Naturwissenschaft jenseits der Theologie (1945)

■ *Der einflußreiche Basler Theologe Karl Barth (1886–1968), der versuchte, konsequent Gott in den Mittelpunkt aller theologischen Überlegungen zu stellen, lehnte es in den fünfziger Jahren ab, sich an Gesprächen zwischen Naturwissenschaftlern und Theologen zu beteiligen. Barths Hauptwerk ist die umfangreiche »Kirchliche Dogmatik«, in der er auf viele theologische Themen eingeht.*

Mit der »Lehre von der Schöpfung« habe ich ein Gebiet betreten, auf dem ich mich entschieden weniger vertraut und sicher fühle. Wäre ich nicht im Zug der Gesamtdarstellung der Kirchlichen Dogmatik dazu verpflichtet, so würde ich mich vermutlich nicht so bald im besonderen gerade dieser Materie zugewendet haben. Ich wüßte Andere, denen ich – hätte ich nur etwas mehr Vertrauen zu ihren Voraussetzungen – im Blick auf ihre größere Begabung, Neigung und Schulung die Aufgabe der Abfassung gerade dieses Teiles von Herzen gern abgetreten hätte. [...]
Der theologische Ansatz, neben dem es für mich keinen anderen gibt, machte es fast zwangsläufig notwendig, daß ich zunächst die Lehre vom Werk des Schöpfers als solchem in der längst aus der Mode gekommenen Form einer prinzipiellen Entfaltung des Inhalts der beiden ersten Kapitel der Bibel wiederzugeben hatte. Sie bildet den Mittelpunkt des hier vorliegenden Buches. Ihre Merkwürdigkeit ist auch mir selbst nicht verborgen: ich hatte durchaus nicht erwartet, daß beim näheren Überdenken dieser Texte und Probleme nun eben dies herauskommen werde. Man wird mir vermutlich vorhalten, warum ich mich mit den in diesem Zusammenhang naheliegenden Fragen der Naturwissenschaft nicht auseinandergesetzt habe. Ich meinte es ursprünglich tun zu müssen, bis es mir klar wurde, daß es hinsichtlich dessen, was die heilige Schrift und die christliche Kirche unter Gottes Schöpfungswerk versteht, schlechterdings keine naturwissenschaftlichen Fragen, Einwände oder auch Hilfestellungen geben kann. So wird man in diesem Mittelpunkt des vorliegenden Buches von »naiver« hebräischer »Sage« sehr viel, von der hier vielleicht erwarteten Apologetik und Polemik aber gar nichts finden. Ich sah die für die Dogmatik sachgemäße Aufgabe hier in der Tat ausschließlich darin, jene »Sage« nachzusagen, und ich fand diese Aufgabe dann doch auch schöner und lohnender als die dilettantischen Quälereien, denen ich mich im anderen Fall hätte hingeben müssen. Die Naturwissenschaft hat freien Raum jenseits dessen, was die Theologie als das Werk des Schöpfers zu beschreiben hat. Und die Theologie darf und muß sich da frei bewegen, wo eine Naturwissenschaft, die nur das und nicht heimlich eine heidnische Gnosis und Religionslehre ist, ihre gegebene Grenze hat. Es ist aber auch meine Meinung, daß künftige Bearbeiter der christlichen Lehre von der Schöpfung in der Bestimmung des Wo und Wie dieser beiderseitigen Grenze noch dankbare Probleme finden werden.

Karl Barth: Kirchliche Dogmatik, III/1, Theologischer Verlag Zürich, 5. Aufl. 1988, Vorwort (Oktober 1945).

Claus Westermann: Gott hat es mit unserer ganzen Wirklichkeit zu tun (1971)

■ *Claus Westermann (geb. 1909), ein »Schüler« von Karl Barth, war bis zu seiner Emeritierung Professor für Altes Testament in Heidelberg. Besonders intensiv beschäftigte sich Westermann mit den Schöpfungsvorstellungen der Bibel.*

Wenn die Theologie und die Verkündigung der Kirche es nur mit dem Heil zu tun hat, wenn das Handeln Gottes an den Menschen auf die Sündenvergebung oder Rechtfertigung beschränkt wird, dann folgt daraus notwendig, daß der Mensch es nur in diesem Zusammenhang mit Gott zu tun hat und daß Gott es nur in diesem Zusammenhang mit den Menschen zu tun hat. Und das heißt: er hat nichts damit zu tun, daß auf der Erde ein Wurm zertreten wird oder daß in einem Milchstraßensystem ein neuer Stern entsteht. Hier muß notwendig die Frage gestellt werden: Was ist das für ein Gott, der alles für das Heil des Menschen tut, der aber offenbar mit den wirtschaftlichen Verhältnissen dieses Menschen nichts zu schaffen hat? Was kann eine Heilsgeschichte bedeuten, wenn sie mit der realen Geschichte nichts mehr zu tun hat? In den Bereich, den die Menschen früher als die Schöpfung bezeichneten, ist die Wissenschaft als Herr eingezogen; was bleibt da noch für Gott? Hier liegt der Grund dafür, daß einige sagen: Gott ist tot, und sehr viele: Das Wort Gott bedeutet mir nichts mehr. Es ist deswegen eine Illusion, wenn man versucht, den von der Wirklichkeit isolierten Heilsglauben (Soteriologie) immer weiter zu modernisieren und jeweils in den gängigen Jargon zu bringen. Damit wird an der Situation nichts geändert. Die Entscheidung fällt bei der Frage, ob Gott es mit unserer ganzen Wirklichkeit zu tun hat oder nicht, mit anderen Worten, ob er der Schöpfer ist oder nicht. [...]
Von der Schöpfung redet die Bibel in der Weise, daß erzählt wird: Gott hat die Welt (die Menschen) erschaffen, und daß darauf mit dem Lob des Schöpfers geantwortet wird.

Claus Westermann: Schöpfung. 3. Aufl., Kreuz Verlag, Stuttgart 1979, S. 12–14.

Max Planck: Naturwissenschaft zum Erkennen, Religion zum Handeln (1937)

■ *Max Planck (1858–1947), einer der führenden Physiker zu Beginn des 20. Jahrhunderts, begründete im Jahre 1900 die Quantentheorie und erhielt 1918 den Nobelpreis für Physik. In einem weithin bekannt gewordenen Vortrag aus dem Jahr 1937 nahm Planck wie schon in den Jahren zuvor zum Verhältnis von Naturwissenschaft und Religion Stellung.*

Die Naturwissenschaft braucht der Mensch zum Erkennen, die Religion aber braucht er zum Handeln. Für das Erkennen bilden den einzigen festen Ausgangspunkt die Wahrnehmungen unserer Sinne. [...] Für das Handeln ist aber dieser Weg nicht gangbar, weil wir mit unsern Willensentscheidungen nicht warten können, bis die Erkenntnis vollständig oder bis wir allwissend geworden sind. Denn wir stehen mitten im Leben und müssen in dessen mannigfachen Anforderungen und Nöten oft sofortige Entschlüsse fassen oder Gesinnungen betätigen, zu deren richtiger Ausgestaltung uns keine langwierige Überlegung verhilft, sondern nur die bestimmte und klare Weisung, die wir aus der unmittelbaren Verbindung mit Gott gewinnen. Sie allein vermag uns die innere Festigkeit und den dauernden Seelenfrieden zu gewährleisten, den wir als das höchste Lebensgut einschätzen müssen; und wenn wir Gott außer seiner Allmacht und Allwissenheit auch noch die Attribute der Güte und Liebe zuschreiben, so gewährt die Zuflucht zu ihm dem trostsuchenden Menschen ein erhöhtes Maß sicheren Glücksgefühls. Gegen diese Vorstellung läßt sich vom Standpunkt der Naturwissenschaft nicht das mindeste einwenden, weil ja die Fragen der Ethik, wie wir schon betont haben, gar nicht in ihren Zuständigkeitsbereich gehören. [...]

Denn so wenig sich Wissen und Können durch weltanschauliche Gesinnung ersetzen lassen, ebensowenig kann die rechte Einstellung zu den sittlichen Fragen aus rein verstandesmäßiger Erkenntnis gewonnen werden. Aber die beiden Wege divergieren nicht, sondern sie gehen einander parallel, und sie treffen sich in der fernen Unendlichkeit an dem nämlichen Ziel.

Um dies recht einzusehen, gibt es kein besseres Mittel als das fortgesetzte Bemühen, das Wesen und die Aufgaben einerseits der naturwissenschaftlichen Erkenntnis, andererseits des religiösen Glaubens immer tiefer zu erfassen. Dann wird sich in immer wachsender Klarheit herausstellen, daß, wenn auch die Methoden verschieden sind – denn die Wissenschaft arbeitet vorwiegend mit dem Verstand, die Religion vorwiegend mit der Gesinnung –, der Sinn der Arbeit und die Richtung des Fortschrittes doch vollkommen miteinander übereinstimmen. Es ist der stetig fortgesetzte, nie erlahmende Kampf gegen Skeptizismus und gegen Dogmatismus, gegen Unglaube und gegen Aberglaube, den Religion und Naturwissenschaft gemeinsam führen, und das richtungweisende Losungswort in diesem Kampf lautet von jeher und in alle Zukunft: Hin zu Gott!

Max Planck: Religion und Naturwissenschaft, in: Vorträge und Erinnerungen. Wissenschaftliche Buchgesellschaft Darmstadt, 11. Aufl. 1979.

Werner Heisenberg: Mir ist bei dieser Trennung nicht wohl (1927)

■ *Werner Heisenberg (1901–1976), Professor für theoretische Physik, stellte 1927 die »Unschärferelation« auf, erhielt 1932 den Nobelpreis und arbeitete während des Zweiten Weltkrieges zuerst in Berlin und dann in einem Felsenkeller in Haigerloch bei Tübingen an einer deutschen »Uranmaschine« (einem kleinen Kernkraftwerk).*

An einem der Abende, die wir anläßlich der Solvay-Konferenz gemeinsam im Hotel in Brüssel verbrachten, saßen noch einige der jüngeren Mitglieder des Kongresses zusammen in der Halle, darunter Wolfgang Pauli und ich. Etwas später kam auch Paul Dirac dazu. Einer hatte die Frage gestellt: »Einstein spricht so viel über den lieben Gott, was hat das zu bedeuten? Man kann sich doch eigentlich nicht vorstellen, daß ein Naturwissenschaftler wie Einstein eine starke Bindung an eine religiöse Tradition besitzt.« »Einstein wohl nicht, aber vielleicht Max Planck«, wurde geantwortet. »Es gibt doch Äußerungen von Planck über das Verhältnis von Religion und Naturwissenschaft, in denen er die Ansicht vertritt, daß es keinen Widerspruch zwischen beiden gebe, daß Religion und Naturwissenschaft sehr wohl miteinander vereinbar seien.« Ich wurde gefragt, was ich über Plancks Ansichten auf diesem Gebiet wisse und was ich darüber dächte. Ich hatte zwar erst ein paar Mal mit Planck selbst gesprochen, meist über Physik und nicht über allgemeinere Fragen, aber ich kannte verschiedene gute Freunde Plancks, die mir viel über ihn erzählt hatten; so glaubte ich mir ein Bild von seinen Auffassungen machen zu können.

»Ich vermute«, so mag ich geantwortet haben, »daß für Planck Religion und Naturwissenschaft deswegen vereinbar sind, weil sie, wie er voraussetzt, sich auf ganz verschiedene Bereiche der Wirklichkeit beziehen. Die Naturwissenschaft handelt von der objektiven materiellen Welt. Sie stellt uns vor die Aufgabe, richtige Aussagen über diese objektive Wirklichkeit zu machen und ihre Zusammenhänge zu verstehen. Die Religion aber handelt von der Welt der Werte. Hier wird von dem gesprochen, was sein soll, was wir tun sollen, nicht von dem, was ist. In der Naturwissenschaft geht es um richtig oder falsch; in der Religion um gut oder böse, um wertvoll oder wertlos. Die Naturwissenschaft ist die Grundlage des technisch zweckmäßigen Handelns, die Religion die Grundlage der Ethik. [...] So erscheinen die beiden Bereiche, die objektive und die subjektive Seite der Welt, bei ihm fein säuberlich getrennt – aber ich muß gestehen, daß mir bei dieser Trennung nicht wohl ist. Ich bezweifle, ob menschliche Gemeinschaften auf die Dauer mit dieser scharfen Spaltung zwischen Wissen und Glauben leben können.«

Wolfgang pflichtete dieser Sorge bei. »Nein«, meinte er, »das wird kaum gutgehen können. [...] Die vollständige Trennung zwischen Wissen und Glauben ist sicher nur ein Notbehelf für sehr begrenzte Zeit.«

Werner Heisenberg: Erste Gespräche über das Verhältnis von Naturwissenschaft und Religion (1927). In: Der Teil und das Ganze. Gespräche im Umkreis der Atomphysik. 5. Aufl., Deutscher Taschenbuch Verlag, München 1979, S. 101–103.

9 Theologie und Naturwissenschaft im Gespräch

Von vereinzelten früheren Versuchen abgesehen bahnte sich erst nach dem Zweiten Weltkrieg langsam ein Dialog zwischen Naturwissenschaft und Theologie an. Die neuen Erkenntnisse in der Physik, insbesondere die Relativitäts- und die Quantentheorie, der Abwurf der Atombombe auf Hiroshima und die ökologische Krise konfrontierten die Forschenden mit den philosophischen Voraussetzungen und den ethischen Folgen ihres Tuns. Die Theologie öffnete sich für Fragen der wissenschaftlich-technischen Zivilisation. Auf beiden Seiten zeigte sich jetzt Gesprächsbereitschaft.

Bei dem gegenwärtig auf breiter Basis geführten Dialog zwischen Theologie und Naturwissenschaft werden freilich auch schon gewisse Grenzen deutlich. Kirchlich orientierte Kreise neigen dazu, die Offenheit mancher Naturwissenschaftler für Fragen der Religion allzu voreilig als vorbehaltlose Bejahung des christlichen Glaubens zu deuten. Eine breite nichtkirchliche Bewegung sieht in der Verbindung eines ganzheitlichen Naturverständnisses mit einem meist östlich geprägten religiösen Denken und Fühlen die Probleme des einzelnen wie der Zukunft der Welt gelöst (New Age). Doch ist vor einer voreiligen Harmonisierung von Naturwissenschaft und Religion bzw. Theologie Zurückhaltung geboten.

Carl Friedrich von Weizsäcker: Einander kritische Fragen stellen. Notizen zum Gespräch über Physik und Religion (1976)

■ *Carl Friedrich von Weizsäcker (geb. 1912), der ältere Bruder des ehemaligen Bundespräsidenten Richard von Weizsäcker, war Professor für Physik und Philosophie. Er beeinflußte mit seinen Äußerungen und seinen meist allgemeinverständlichen Schriften die öffentliche Diskussion in vielen Fragen der naturwissenschaftlich-technischen Zivilisation.*

Freud spricht (»Eine Schwierigkeit der Analyse«, 1917) von den drei Kränkungen des menschlichen Selbstbewußtseins durch Kopernikus, Darwin und die Psychoanalyse. Wir hatten zu lernen, daß unser Ort in der Welt nicht deren Mitte ist, daß die anderen Geschöpfe unsere Brüder sind, und daß »das Ich nicht Herr im Hause« ist. Die dritte Kränkung ist die tiefste. Lösen wir diese Beobachtung aus dem besonderen Zusammenhang mit der Psychoanalyse, so ließe sich sagen: die ernüchternde Selbsterkenntnis durch die Wissenschaft rückt immer näher auf den Personkern des Menschen vor.

Daß diese fortschreitende Ernüchterung einen fortschreitenden Konflikt mit der Religion bedeute, muß man aber nur dann folgern, wenn man in der Religion von vornherein einen Repräsentanten der Selbstherrlichkeit des menschlichen Ich sieht. Man könnte umgekehrt in der Ernüchterung über das Ich eine Annäherung an den Kern religiöser Erfahrung sehen. Sollte Religion uns nicht demütig machen? Aber die wissenschaftliche Ernüchterung ist bisher inhaltlich nicht religiös, und das Ich findet die Kompensation der Kränkung darin, sich selbst als Träger der Erkenntnis zu fühlen.

Die Physik hat aber einen doppelt positiven Zugang, zum mindesten zur religiösen Frage. Der eine Zugang mag an Gestalten wie Kepler verdeutlicht werden. In den mathematischen Gesetzen der Natur enthüllt sich eine ungeahnte Herrlichkeit. Kepler interpretierte diese vielen Physikern gemeinsame Erfahrung in christlichem Platonismus. Die Welt ist nach Gottes Schöpfungsgedanken, d. h. in mathematischer Harmonie, gebaut. Der Mensch, nach Gottes Bilde geschaffen, vermag diese Gedanken nachzudenken. Naturwissenschaft ist Gottesdienst.

Den anderen Zugang hat die Physik des ersten Drittels unseres Jahrhunderts eröffnet. Das Weltbild der klassischen Physik war objektivistisch, deterministisch; das Bewußtsein stand außerhalb der so beschriebenen Natur. Die Quantentheorie ist nur interpretierbar, wenn man die Bezogenheit der objektivierenden Naturbeschreibung auf den Beobachter explizit berücksichtigt. So wurde die primitive Ontologie der klassischen Naturwissenschaft erschüttert. Philosophische Fragen wurden eröffnet, die noch nicht beantwortet sind.

Die Beendigung des Streits zwischen Physik und Kirche (die »Revision des Galilei-Prozesses«) scheint mir nicht das Wichtigste der heutigen Situation. Naturwissenschaftler und Christen können einander einen wichtigeren Dienst tun, wenn sie einander kritische Fragen stellen.

Christen müssen die Naturwissenschaftler fragen, ob das, was sie der Welt antun, nicht vielleicht objektiv verbrecherisch ist (Weltzerstörung durch Folgen objektivierender Erkenntnis). Fragen, nicht anklagen. Nur die Selbstanklage eröffnet die Quellen der Gnade; gegen eine fremde Anklage kann und darf man sich verteidigen. Objektiv, nicht subjektiv verbrecherisch; die erlösende Erfahrung der Sünde beginnt, wo wir uns mit unserem Handeln identifizieren lernen, obwohl die subjektive Intention nicht böse war. Eine durch diese Erfahrung hindurchgegangene Wissenschaft könnte zu sich selbst finden; eine gegen diese Erfahrung abgeschirmte Wissenschaft wird objektiv böse.

Naturwissenschaftler müssen die Christen fragen, ob sie das moderne Bewußtsein vollzogen haben. In der protestantischen Theologie der letzten zwanzig Jahre ist sehr viel von diesem Vollzug nachgeholt worden. Hier wurde zum Teil das moderne Bewußtsein zu simpel als Wahrheit akzeptiert. Aber als Abbau einer unhaltbaren (und durch Angst bedingten) kirchlichen Selbstbehauptung war der Vorgang notwendig. Vielleicht gilt für die notwendige Erfahrung der Kirche mutatis mutandis dasselbe wie für die notwendige Erfahrung der Wissenschaft. Es ist keine Schande und keine Gefährdung zuzugeben, daß die gedanklichen Probleme zwischen religiöser Wahrheit und modernem Bewußtsein ungelöst sind.

Carl Friedrich von Weizsäcker: Der Garten des Menschlichen. Beiträge zur geschichtlichen Anthropologie. Carl Hanser Verlag, München 1992 (Verfaßt 1976 als Diskussionsbeitrag).

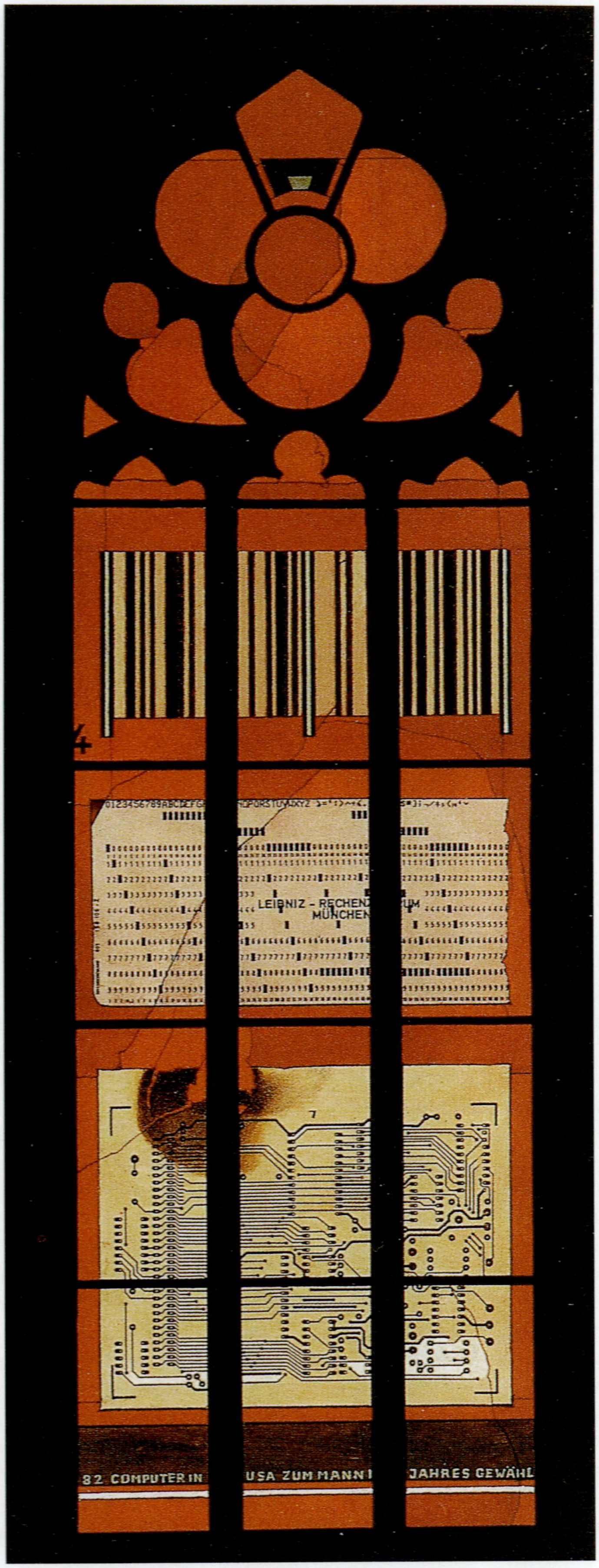

Johannes Schreiter (geb. 1930): Computerfenster. 1982 Computer in den USA zum Mann des Jahres gewählt… Aus: Johannes Schreiter, Brandcollagen, Zeichnungen, Heidelberger Fensterentwürfe, Verlag Das Wunderhorn GmbH, Heidelberg 1987.

Heinz Zahrnt: Glaube und Wissen – zwei Brennpunkte einer Ellipse (1977)

■ *Heinz Zahrnt, geb. 1915, lange Zeit theologischer Chefredakteur des Deutschen Allgemeinen Sonntagsblattes und Mitglied des Präsidiums des Deutschen Evangelischen Kirchentages, lebt als freier theologischer Schriftsteller in Soest. In seinen zahlreichen Büchern stellte Zahrnt theologisches Denken allgemeinverständlich dar.*

Eine radikale gegenseitige Flurbereinigung zwischen Glaube und Wissen führt zu einer unerträglichen existentiellen Schizophrenie. Daher wende ich mich sowohl gegen die einen, die den Glauben hart gegen die Vernunft stellen und alle religiösen Aussagen ängstlich aus dem Bereich des vernünftigen Denkens heraushalten wollen, als auch gegen die anderen, die den Glauben rigoros der Vernunft unterwerfen und nichts durchgehen lassen, was nicht dem Kanon wissenschaftlicher Rationalität entspricht. Gerade dem Glauben ist hier sowohl ein hochmütiger Monopolanspruch als auch eine demütige Kapitulation verboten. Weder darf er sich dem Wissen gegenüber absolut setzen noch sich ihm einfach unterordnen. Vielmehr muß gerade der Glaube beide Zugangswege zur Wirklichkeit offenhalten. [...]
Wissenschaft ist, wenn sie wirklich »exakt« bleibt, sich selbst nicht genug – das weiß sie heute, im Unterschied zum einstigen wissenschaftlichen Positivismus, selbst.

Diese *Insuffizienz der Wissenschaft* gilt in dreifacher Hinsicht:
1. Das Wissen, wie es die rationale Wissenschaft ermittelt, *reicht nicht aus, um die Wirklichkeit der Welt in ihrer Vielfalt und Ganzheit zu erfassen.*
Die Wirklichkeit ist umfangreicher und vielfältiger, als es die Wissenschaft durch objektive Beobachtung und kritische Analyse ermitteln kann. Die Welt steht nicht allein dem Wissen offen; sie ist kein riesiges Labor. »Um es einfach zu sagen: die Vögel singen viel mehr, als nach Darwin erlaubt ist« (F. J. J. Buytendijk).
Fraglos bildet die Wirklichkeit eine Einheit, aber es ist eine Einheit in der Vielfalt. Deshalb darf man sie auch nicht nur auf eine einzige Weise, sondern muß sie auf verschiedene Weisen angehen, wenn man sie in den Blick bekommen will. Ich erinnere mich, vor vielen Jahren in einer illustrierten Zeitung ein Bild gesehen zu haben, auf dem der Zeichner dargestellt hatte, wie eine und dieselbe Landschaft von verschiedenen Menschen verschieden gesehen werden kann: Der Wanderer mit dem Rucksack auf dem Rücken schritt auf dem Feldweg dahin und guckte nach Blumen und Burgen; der Militär spähte, die Karte in der Hand und den Feldstecher vor Augen, nach Gelegenheiten aus, wie er seine Maschinengewehre und Geschütze in Stellung bringen und seine Panzer auffahren lassen könne; der Mineraloge klopfte mit seinem Hammer den Fels ab, um den Verlauf der Gesteinsschichten zu erkunden, und der Geologe bohrte nach Kohle und Öl, während der Botaniker die ganze Landschaft als einen großen Botanischen Garten mit lauter Schildern und Täfelchen betrachtete. Dieses Bild, in meiner Erinnerung sicher reichlich ausgeschmückt, kann zum Gleichnis dafür werden, daß die Wirklichkeit der Welt viele Aspekte hat, daß man sie daher unter verschiedenen Gesichtspunkten betrachten muß und nicht einen einzelnen verabsolutieren darf.
Den besten Beweis dafür bietet die Wissenschaft selbst. Sie kann mit der Methode, mit der sie die Welt zu begreifen sucht, sich selbst nicht begreifen, weder ihr Tun im einzelnen noch ihre Stellung im Ganzen der Welt.

2. Das Wissen, wie es die rationale Wissenschaft ermittelt, *trägt in sich selbst kein Steuerungsvermögen.*
Die Wissenschaft liefert dem Menschen Wissen, aber sie gibt ihm kein Gewissen. Sie kann nur sagen, was richtig und falsch, aber nicht, was gut und böse ist. [...] Wissenschaft kann den Kopf zurechtsetzen, aber keine neuen Herzen schaffen. Darum kann sie ebenso der Freiheit wie der Unterdrückung, dem Frieden wie dem Kriege, dem Fortschritt wie dem Wahnsinn, sowohl Gott als auch dem Teufel dienen.

3. Das Wissen, wie es die rationale Wissenschaft ermittelt, *verleiht keine existentielle Gewißheit.*
Zur Herstellung existentieller Gewißheit reicht die Feststellung von Tatsachen noch nicht aus. Ich nenne dafür ein Beispiel, das zum Lehrgleichnis für die Problematik insgesamt werden kann.
Angenommen, eine Frau verdächtigt ihren Mann, daß er ihr nicht treu sei. Sie unternimmt alles, um sich Gewißheit zu verschaffen. Sie fragt ihn aus, kontrolliert seine Post, durchstöbert seine Anzüge und läßt ihn sogar durch eine Detektei überwachen. Was tut diese Frau anderes, als daß sie durch Forschung Wissen zu ermitteln sucht, leidenschaftlich daran beteiligt, aber streng nach rationaler Methode? Angenommen nun, das Ergebnis ihrer Beobachtungen ist, daß keinerlei Anlaß zum Verdacht besteht: die Treue des Mannes ist hundertprozentig öffentlich-sichtbar bewiesen. Dennoch gibt dieses sichere Wissen der Frau noch keine Gewißheit. Mag die Beweiskette der Tatsachen auch lückenlos geschlossen sein, so begründet sie aus sich heraus doch noch kein neues Vertrauen.
Dieses Lehrbeispiel zeigt, daß kein noch so exaktes Wissen ausreicht, um die Wirklichkeit in ihrer Vielfalt und Ganzheit zu verstehen und das eigene Leben darin sinnvoll zu bestehen. [...]

»Glaube« und »Wissen« bilden zwei verschiedene Betrachtungsweisen der Wirklichkeit, die gleichberechtigt – unabhängig, aber nicht beziehungslos – nebeneinander stehen. [...] Glaube und Wissen stehen Rücken an Rücken zueinander und blicken, jeder in seiner Richtung, in dieselbe Welt. Was sie dabei wahrnehmen, das teilen sie sich, gleichsam über die Schulter, mit, darüber verhandeln und streiten sie miteinander. [...] Glaube und Wissen gleichen den *beiden Brennpunkten einer Ellipse.*

Heinz Zahrnt: Warum ich glaube. Meine Sache mit Gott, R. Piper Verlag, München/Zürich 1977, S. 223–227.

Richard Oelze (1900–1980): Erwartung (1935/36)

Eike Christian Hirsch: Aus zwei Einbeinigen kann man keinen Sprinter machen (1987)

■ *Eike Christian Hirsch, Theologe und Rundfunkredakteur, äußerte sich in Radiosendungen und Buchveröffentlichungen in humorvoller und ernster Weise unter anderem zu religiösen Themen.*

Wer Philosophie und gar noch Theologie studiert, muß sich gelegentlich den milden Spott seiner Mitmenschen gefallen lassen. Besonders die angehenden Naturwissenschaftler haben mich vor Jahren geneckt und gern darauf hingewiesen, daß sie selbst sich doch wenigstens mit Dingen beschäftigten, die handfest, nützlich und beweisbar seien. Die Geisteswissenschaften aber und besonders die Theologie, das seien doch höchst zweifelhafte Unternehmungen, meinten sie. Dieser Spott gipfelte dann gewöhnlich in der Scherzfrage: *»Was ist ein Philosoph?« Antwort: »Ein Philosoph ist ein Mann, der bei dunkler Nacht eine Katze zu fangen sucht, die es gar nicht gibt.«*

Man muß das hinnehmen. Und es ist ja auch wahr, daß sich die Philosophen mit den letzten Dingen und dem ewigen Seinsgrund beschäftigen, kurzum, sich in Bereichen bewegen, wo alle Katzen scheinbar grau oder vielleicht schon schwarz sind. Und wer weiß, ob es diese Katzen überhaupt gibt. Der Spott der jungen Naturwissenschaftler und Techniker kannte aber noch eine Steigerung. Scherzfrage: *»Was ist ein Theologe?« Antwort: »Ein Theologe ist ein Mann, der bei dunkler Nacht eine Katze zu fangen sucht, die es gar nicht gibt. Und der behauptet, er habe sie schon gefangen.«*

Ein Theologe, der so etwas hört, versucht, kein Spielverderber zu sein. In seinem Übermut erklärt der Naturwissenschaftler dann vielleicht noch, vor dreihundert Jahren habe sich bekanntlich die Naturwissenschaft aus der Philosophie entwickelt, und zwar einfach dadurch, daß mal einer auf die Idee gekommen sei, in der völlig dunklen Nacht etwas Licht zu machen. Damit habe der Fortschritt der Wissenschaft begonnen; heute sehe man doch schon etwas klarer, und vor allem habe man es aufgegeben, nach schwarzen Katzen zu suchen.

Erst sehr viel später, einige Jahre nach meinem Studium, bin ich auf eine Geschichte gestoßen, die eine Antwort auf den Spott meiner Mitstudenten gewesen wäre. Und wenn ich schon damals nicht zur schlagfertigen Entgegnung in der Lage war, so will ich die Antwort doch wenigstens hier, wenn auch etwas spät, nachholen.

Ein Mann geht bei stockfinsterer Nacht die Dorfstraße entlang. Unter der einzigen Laterne sieht er einen anderen Mann jeden Quadratzentimeter absuchen. »Was machen Sie denn da?« fragt er. »Ich suche meinen Hausschlüssel«, antwortet der andere. »Sind Sie denn sicher, daß Sie ihn hier verloren haben?« – »Nein, überhaupt nicht, aber hier kann ich wenigstens etwas sehen.«

Diesmal ist es offenbar der Naturwissenschaftler, der in einer absurden Lage geschildert wird. Er sucht einen Schlüssel, den er überall verloren haben kann, aber er sucht ihn nur im Lichtkegel der Laterne. Diese Beschränkung ist ebenso einleuchtend wie abwegig. Symbolisch zu verstehen ist ja schon der Schlüssel, der hier gefunden werden soll; es ist wohl der Schlüssel zum Verständnis der Welt. Die Tragik der Wissenschaft ist es, daß es gar nicht wahrscheinlich ist, diesen Schlüssel ausgerechnet da finden zu können, wo man wenigstens etwas sehen kann.

Beide Geschichten zusammen, die von der Katze und die vom Schlüssel, können veranschaulichen, wie schlecht alle Wissenschaften dastehen. Die Philosophen und Theologen haben zwar das Ganze im Blick, tappen dafür aber im Dustern. Die Naturwissenschaftler und Techniker können zwar etwas sehen, beschränken sich aber auf ihren fixierten Lichtkegel und werden damit immer mehr zu Spezialisten. Ein Spezialist ist bekanntlich ein Mann, der von immer weniger immer mehr weiß und damit die großen Fragen aus den Augen verliert. [...]

Man könnte nun auf die Idee kommen, die Stärken beider Wissenschaftler miteinander zu verbinden, um endlich den Überblick übers Ganze und zugleich handfeste Gewißheit zu haben. Dieser Versuch ist auch schon oft unternommen worden, freilich mit einem Ergebnis, das man so zusammenfassen könnte: Aus zwei Einbeinigen kann man keinen Sprinter machen.

Eike Christian Hirsch: Vorsicht auf der Himmelsleiter. Auskünfte in Glaubensfragen, Hoffmann und Campe, Hamburg 1987, S. 40–42.

Hoimar von Ditfurth: Die Neandertaler der Zukunft (1989)

■ *Hoimar von Ditfurth (1921–1989), der durch seine allgemeinverständlichen Darstellungen von naturwissenschaftlichen Erkenntnissen in Büchern und im Fernsehen bekannt wurde, nahm auch zu ethischen und religiösen Fragen Stellung.*

Wir sind, mit anderen Worten, Wesen des Übergangs. So, wie alle uns vorangegangenen biologischen Vertreter der gleichen Stammeslinie es auch gewesen sind. Deshalb braucht man die liebgewonnene Vorstellung von einer »Sonderstellung« des Menschen keineswegs gleich über Bord zu werfen. Selbst die mit dem Begriff »Krone der Schöpfung« angedeutete Selbsteinschätzung könnte man auch bei dieser Sicht der Dinge durchgehen lassen, wenn man nur bereit ist, sie mit dem Zusatz »vorläufig« zu versehen. Grundsätzlich aber ist unsere Rolle keine andere als die, welche allen unseren biologischen Vorläufern auch zugefallen ist, von der Urzelle zu den ersten Vielzellern, archaischen Meeresbewohnern, Amphibien und dann Reptilien, Sauriern und ersten Warmblütern, von den spitzhörnchenähnlichen Nagern der Vorzeit bis zu den baumbewohnenden ersten Primaten, von Homo habilis über den Heidelberg-Menschen, Cro-Magnon-Frühmenschen, Neandertaler bis zu uns. Sub specie aeternitatis haben wir uns als die Neandertaler der Zukunft zu betrachten.

Um diese Sicht der Dinge akzeptieren zu können, braucht ein gläubiger Mensch auch keineswegs etwa den Glauben daran aufzugeben, daß er im Mittelpunkt der fürsorglichen

Salvador Dalí: Galacidalacidesoxyribonukleinsäure (1963). © VG Bild-Kunst, Bonn 1995/Demart pro Arte B.V.
Salvador Dalí (1904–1989), neben Pablo Picasso der bekannteste spanische Maler des 20. Jahrhunderts, gehörte zu den Surrealisten und konzentrierte sich in seinen Bildern auf phantastische, erotische und religiöse Themen. Daneben setzte er sich auch mit der gegenwärtigen Welt von Naturwissenschaft und Technik auseinander.

Aufmerksamkeit eines persönlichen Gottes steht. Wobei ich der Ehrlichkeit halber allerdings gleich gestehen will, daß für mich selbst das Reden von einem persönlichen Gott eine unzulässige Konkretisierung des Gottesbegriffs darstellt. Jedenfalls aber zwingt die Anerkennung eines Übergangscharakters unserer Art, die Einsicht, daß sie in ihrer »gegenwärtigen« Beschaffenheit nicht »das letzte Wort« der Stammeslinie bleiben wird, als deren fortschrittlichsten Vertreter sie sich heute mit Recht ansehen kann, nicht dazu, den Glauben daran aufzugeben, daß das »Auge Gottes« gnädig auf diesem unfertigen Wesen Homo sapiens sapiens ruht. Schließlich hat die mindestens ebenso revolutionäre Erkenntnis, daß die Erde mit ihren Bewohnern nicht im Mittelpunkt der Welt gelegen ist, an der »Gottesnähe« des gläubigen Menschen letztlich – auch wenn das anfänglich die Sorge war – nicht das mindeste geändert. Hoffen wir, daß die Einsicht sich diesmal mit geringeren Turbulenzen durchsetzen wird.

»Der Herr« – wie immer man ihn sich denken mag – hat mit der Welt, die er geschaffen hat, sicher noch sehr viel mehr vor, als Homo sapiens sich träumen läßt. Diese Einsicht nimmt uns nichts von unserer vielbeschworenen »Würde«. Sie reduziert diese Würde jedoch heilsam auf ein unterhalb hybriden Narzißmus gelegenes Maß. Und sie gibt denen, die uns vorangegangen sind und deren vorübergehendem Erscheinen auf der Weltbühne wir unseren Auftritt verdanken, die Würde zurück, die wir ihnen absprechen, solange wir sie durch die anthropozentrische Brille nur als »unsere Vorläufer« betrachten. Wir selbst sind nichts anderes als die Vorläufer zukünftiger evolutiver Nachfahren, die den Entwicklungsabstand zwischen ihnen und uns für ähnlich abgrundtief halten werden wie wir den Abstand, der unsere Art von der des Neandertalers trennt.

Aus: Hoimar von Ditfurth, Innenansichten eines Artgenossen. Meine Bilanz, Düsseldorf 1989, S. 417f.

D Verantwortung im Atomzeitalter

Am 6. August 1945 zerstörte eine Atombombe Hiroshima. Geradezu zynisch hatten die Amerikaner ihrem geheimen Atomprogramm, bei dem zunächst drei Bomben hergestellt wurden, den Decknamen »trinity« (»Dreieinigkeit«) gegeben. Die Hiroshima-Bombe nannten sie »Little Boy«.
Durch Gewöhnung gerät die latente Gefahr eines Atomkrieges immer wieder in Vergessenheit. Doch sie besteht fort. Trotz Abrüstung lagern weltweit auch heute noch zigtausende Atomsprengköpfe. Deutschland verfügt über mindestens 2,5 Tonnen radioaktiven Plutoniums und wird von Greenpeace als eine »latente Atommacht« bezeichnet.
Hiroshima wirft Fragen auf: Tragen Naturwissenschaftler und Naturwissenschaftlerinnen Verantwortung für die Folgen ihres Tuns? Sind Theologen und Theologinnen gefragt oder nur die sogenannten »Fachleute«? Was können einzelne tun? Gibt es überhaupt die Möglichkeit, den naturwissenschaftlich-technischen Fortschritt unter Kontrolle zu halten, zu begrenzen, lebensfreundlich zu gestalten? Welche Bedingungen sind hierfür erforderlich?

10 Hiroshima

Günther Anders: Ängstige deinen Nachbarn wie dich selbst

■ *Günther Anders (1902–1992) lebte als Schriftsteller und Philosoph in Wien. In seinen Hauptwerken beschäftigte er sich mit den menschlichen Lebensbedingungen in der gegenwärtigen naturwissenschaftlich-technischen Zivilisation.*

Hiroshima als Weltzustand.
Mit dem 6. August 1945, dem Hiroshimatage, hat ein neues Zeitalter begonnen: das Zeitalter, in dem wir in jedem Augenblicke jeden Ort, nein unsere Erde als ganze, in ein Hiroshima verwandeln können. Seit diesem Tage sind wir *modo negativo allmächtig* geworden; aber da wir in jedem Augenblick ausgelöscht werden können, bedeutet das zugleich: Seit diesem Tage sind wir *total ohnmächtig.* Gleich wie lange, gleich ob es ewig währen wird, dieses Zeitalter ist das letzte: Denn seine differentia specifica: die Möglichkeit unserer Selbstauslöschung, kann niemals enden – es sei denn durch das Ende selbst.

Endzeit contra Zeitenende.
Unser Dasein definiert sich mithin als »Frist«; wir leben als Gerade-noch-nicht-nichtseiende. – Durch diese Tatsache hat sich die moralische Grundfrage verändert: Der Frage »*Wie* sollen wir leben?« hat sich die Frage »*Werden* wir leben?« untergeschoben. Auf die »Wie-Frage« gibt es für uns, die wir in unserer Frist gerade noch leben, nur die *eine* Antwort: »Wir haben dafür zu sorgen, daß die *Endzeit,* obwohl sie jederzeit in *Zeitenende* umschlagen könnte, *endlos* werde; also, daß der Umschlag niemals eintrete.« – Da wir an die Möglichkeit des »Zeitenendes« glauben, sind wir Apokalyptiker; aber da wir die von uns selbst gemachte Apokalypse bekämpfen, sind wir – diesen Typ hat es zuvor nicht gegeben – *Apokalypse-Feinde.* [...]

Mut zur Angst. [...] Nichts ist falscher als die beliebte Redensart der Halbgebildeten, wir lebten ohnehin schon im »Zeitalter der Angst.« [...] Vielmehr leben wir im *Zeitalter der Verharmlosung und der Unfähigkeit zur Angst.* Das Gebot, unsere Vorstellung zu erweitern, bedeutet also in concreto: Wir haben unsere Angst zu erweitern. Postulat: *Habe keine Angst vor der Angst, habe Mut zur Angst. Auch den Mut, Angst zu machen. Ängstige deinen Nachbarn wie dich selbst.* – Freilich muß diese unsere Angst eine von ganz besonderer Art sein: 1. Eine furchtlose Angst, da sie jede Angst vor denen, die uns als Angsthasen verhöhnen könnten, ausschließt. 2. Eine belebende Angst, da sie uns statt in die Stubenecken hinein in die Straßen hinaus treiben soll. 3. Eine liebende Angst, die sich *um* die Welt ängstigen soll, nicht nur *vor* dem, was uns zustoßen könnte. [...]

Berufung auf Kompetenz. [...] Wenn das Wort »Demokratie« einen Sinn hat, dann gerade den, daß wir das Recht und die Pflicht haben, über Angelegenheiten der »res publica« mitzuentscheiden, also über solche, die *jenseits unserer beruflichen Kompetenz* liegen und uns nicht als Spezialisten angehen, sondern als Bürger oder Menschen.
Davon, daß wir uns dadurch »einmischen«, kann gar keine Rede sein, denn als Bürger und Menschen *sind* wir immer schon »eingemischt«, auch *wir* sind die res publica. Eine Angelegenheit, die mehr »publica« gewesen wäre als die heutige Entscheidung über unser Überleben, hat es niemals gegeben und wird es niemals geben. Wenn wir auf »Einmischung« verzichten, ist das also ein Versäumnis unserer demokratischen Pflicht.

Erläuterungen: *modo negativo:* auf negative Weise – *differentia specifica:* spezifische Differenz, charakteristisches Merkmal – *res publica:* öffentliche Angelegenheiten, Staat

Günther Anders: Die atomare Drohung. München 1993, S. 93f., 97–100 (6. Aufl. von: Endzeit und Zeitenende).

Der Schatten

In Hiroshima zeigt man einen Brückenbogen,
Daran der Schatten eines Menschen ist.
Der diesen Schatten warf, der fehlt, und wißt:
Seitdem die Überbombe kam geflogen.

Sie barst. Und einer Sonne Hitzewogen
Verdampften jenen schnell und ohne Frist
Für Abschiedsworte, die die Welt vergißt,
Und von ihm blieb, was in den Stein gezogen.

Doch wer der Unbekannte einmal war,
Weiß keiner, denn in seiner Todesstunde
Starb ebenfalls die Stadt mit Haut und Haar.

Daß nicht gleich ihm wir gehen so zugrunde,
Spricht uns sein stummer Schatten von Gefahr:
Wir sind das Fleisch. Er ist die offne Wunde.

Günter Kunert
Nach: Ulf Miehe, Hg.: Hammers Anthologien – Thema Frieden. Peter Hammer Verlag, Wuppertal 1967, S. 25

Großes Foto: dpa
Kleines Bild: Überlebende malten Szenen zu den Folgen des Abwurfs der Atombombe auf Hiroshima.

Die Mainauer Kundgebung der Nobelpreisträger (1955): Wir sehen mit Entsetzen ...

Am 15. Juli 1955 veröffentlichten mehr als fünfzig auf der Insel Mainau versammelte Nobelpreisträger, unter ihnen Otto Hahn und Werner Heisenberg, eine gegen Atomwaffen gerichtete Erklärung. Schon lange zuvor gab es unter den Wissenschaftlern eine leidenschaftliche Debatte über dieses Thema. So zeigte sich Otto Hahn vom Abwurf der Atombombe auf Hiroshima tief betroffen. Albert Einstein, eigentlich ein Pazifist, hatte aus Angst vor der Atombombe in den Händen der Nazis während des Krieges Präsident Roosevelt noch zum Bau einer amerikanischen Bombe geraten. Nach der deutschen Niederlage trat er jedoch für die Ächtung jeglicher Atomwaffen ein. J. Robert Oppenheimer, der »Vater der Atombombe« und Leiter des amerikanischen Atombombenprojekts, verweigerte später die Mitarbeit an der Entwicklung der Wasserstoffbombe, einer »Superbombe«, und wurde daraufhin vom amerikanischen Geheimdienst überwacht.

Wir, die Unterzeichneten, sind Naturforscher aus verschiedenen Ländern, verschiedener Rasse, verschiedenen Glaubens, verschiedener politischer Überzeugung. Äußerlich verbindet uns nur der Nobelpreis, den wir haben entgegennehmen dürfen.
Mit Freuden haben wir unser Leben in den Dienst der Wissenschaft gestellt. Sie ist, so glauben wir, ein Weg zu einem glücklicheren Leben der Menschen. Wir sehen mit Entsetzen, daß eben diese Wissenschaft der Menschheit Mittel in die Hand gibt, sich selbst zu zerstören.
Voller kriegerischer Einsatz der heute möglichen Waffen kann die Erde so sehr radioaktiv verseuchen, daß ganze Völker vernichtet werden. Dieser Tod kann die Neutralen ebenso treffen wie die Kriegführenden.
Wenn ein Krieg zwischen den Großmächten entstünde, wer könnte garantieren, daß er sich nicht zu einem solchen tödlichen Kampf entwickelte? So ruft eine Nation, die sich auf einen totalen Krieg einläßt, ihren eigenen Untergang herbei und gefährdet die ganze Welt.
Wir leugnen nicht, daß vielleicht heute der Friede gerade durch die Furcht vor diesen tödlichen Waffen aufrechterhalten wird. Trotzdem halten wir es für eine Selbsttäuschung, wenn Regierungen glauben sollten, sie könnten auf lange Zeit gerade durch die Angst vor diesen Waffen den Krieg vermeiden. Angst und Spannung haben so oft Krieg erzeugt. Ebenso scheint es uns eine Selbsttäuschung zu glauben, kleinere Konflikte könnten weiterhin stets durch die traditionellen Waffen entschieden werden. In äußerster Gefahr wird keine Nation sich den Gebrauch irgendeiner Waffe versagen, die die wissenschaftliche Technik erzeugen kann.
Alle Nationen müssen zu der Entscheidung kommen, freiwillig auf die Gewalt als letztes Mittel der Politik zu verzichten. Sind sie dazu nicht bereit, so werden sie aufhören zu existieren.

Nach: Otto Hahn: Erlebnisse und Erkenntnisse. Düsseldorf/Wien 1975, S. 217f.

Die Heidelberger Thesen (1959): Komplementäres Handeln

Auch in der Evangelischen Kirche in Deutschland (EKD) wurde die Auseinandersetzung mit der gleichen Schärfe wie in der Öffentlichkeit diskutiert, so auf einer Synode in Spandau im Jahr 1958 und bei einem Treffen von Theologen und anderen kirchlich engagierten Wissenschaftlern in Heidelberg im Jahr 1959.

These 1
Der Weltfriede wird zur Lebensbedingung des technischen Zeitalters. […]
Die Notwendigkeit des Weltfriedens ist kein Satz des Christentums und erst recht kein schwärmerischer Satz, sondern eine Aussage der profanen Vernunft. […]

These 2
Der Christ muß von sich einen besonderen Beitrag zur Herstellung des Friedens verlangen.
Obwohl die Notwendigkeit des Weltfriedens ein Satz der profanen Vernunft ist, hat die Christenheit auf dem Wege zu ihm eine besondere Aufgabe. […]

These 6
Wir müssen versuchen, die verschiedenen im Dilemma der Atomwaffen getroffenen Gewissensentscheidungen als komplementäres Handeln zu verstehen.
Die Spandauer Synode der EKD von 1958 hat zu diesen Entscheidungen die Sätze gesagt:
»Die unter uns bestehenden Gegensätze in der Beurteilung der atomaren Waffen sind tief. Sie reichen von der Überzeugung, daß schon die Herstellung und Bereithaltung von Massenvernichtungsmitteln aller Art Sünde vor Gott ist, bis zu der Überzeugung, daß Situationen denkbar sind, in denen in der Pflicht zur Verteidigung der Widerstand mit gleichwertigen Waffen vor Gott verantwortet werden kann. Wir bleiben unter dem Evangelium zusammen und mühen uns um die Überwindung dieser Gegensätze. Wir bitten Gott, er wolle uns durch sein Wort zu gemeinsamer Erkenntnis und Entscheidung führen.«
Es ist bisher nicht gelungen, diese Auffassungen miteinander auszugleichen, und es hat nicht den Anschein, als ob es bald gelingen werde. […]
Der gemeinsame Grund muß das Ziel der Vermeidung des Atomkrieges und der Herstellung des Weltfriedens sein. Keine Handlungsweise, die nicht auf diesem Grund ruht, scheint uns für einen Christen möglich. In der gefährdeten und vorbildlosen Lage unserer Welt können aber Menschen von verschiedenem Schicksal und verschiedener Erkenntnis verschiedene Wege zu diesem Ziel geführt werden. Es kann sein, daß der eine seinen Weg nur verfolgen kann, weil jemand da ist, der den anderen Weg geht. Mit einem aus der Physik entlehnten Wort nennen wir solche Wege komplementär.

Nach: Günter Howe (Hg.): Atomzeitalter, Krieg und Frieden. Witten, Berlin 1959, S. 226–236.

Johannes Schreiter (geb. 1930): Physikfenster. Aus: Johannes Schreiter, Brandcollagen, Zeichnungen, Heidelberger Fensterentwürfe, Verlag Das Wunderhorn GmbH, Heidelberg 1987.

11 Tschernobyl und Harrisburg

26. April 1986, 1.26 Uhr: In Reaktor Nummer vier des Lenin-Kernkraftwerkes bei Tschernobyl tritt der größte anzunehmende Unfall (GAU) ein. Große Mengen radioaktiver Stoffe werden freigesetzt, besonders Cäsium. Der Wind trägt eine giftige Wolke über weite Teile des östlichen und südlichen Europa. Auch Deutschland ist betroffen, besonders Südbayern. Die Folgen: Radioaktivität in der Luft, verseuchte Böden, belastete Nahrungsmittel, erhöhte Krebsraten, Veränderung des Erbgutes …
Schon früher, am 28. März 1979, war in Block vier des Kernkraftwerks Three Mile Island (TMI) in der Nähe von Harrisburg, der Hauptstadt des USA-Staates Pennsylvania, ein schwerer Störfall eingetreten, bei dem eine große Menge Radioaktivität freigesetzt wurde.
Doch schon vor den großen Reaktorunfällen von Harrisburg und Tschernobyl entstand in der Bundesrepublik beim erfolgreichen Widerstand gegen den Bau eines Kernkraftwerks im badischen Wyhl am nördlichen Kaiserstuhl im Jahr 1975 die Anti-Atom-Bewegung, an der sich auch kirchliche Personen und Gruppen beteiligten.

Gabriel Loire (geb. 1904): Der vierte Schöpfungstag, 1986.

Franz Alt: Schluß mit dem atomaren Glücksspiel – Offener Brief an Helmut Kohl

■ *Der 1938 bei Bruchsal geborene Franz Alt, Fernseh-Journalist, Schriftsteller und Parteimitglied der CDU, trat immer wieder mit spektakulären Aussagen zu ethischen und politischen Fragestellungen an die Öffentlichkeit.*

Lieber Helmut Kohl,
als Antwort auf die Katastrophe von Tschernobyl haben Sie vor dem Bundestag gesagt, die Nutzung der Kernenergie sei »ethisch zu verantworten«. Sie übernehmen hier – scheinbar – eine Verantwortung, die kein Mensch übernehmen kann. Oder wie sollte denn die Übernahme Ihrer Verantwortung praktisch und konkret aussehen, wenn im nächsten Jahrzehnt gesundheitliche und im nächsten Jahrhundert genetische Spätfolgen deutlich werden durch Tschernobyl oder einen weiteren Unfall? Wie wollen Sie praktisch Verantwortung tragen für die psycho-sozialen Schäden an Millionen Kindern, die in diesen Wochen in Angst und Schrecken leben?
Wir haben bis jetzt Glück gehabt. Aber das atomare Glücksspiel treiben wir nicht ungestraft auf Dauer. Die atomare Wolke von Tschernobyl war lediglich eine Giftwolke – die nächste Atomwolke könnte für Millionen ein Leichentuch am Himmel sein. Wir können nur ernten, was wir säen. Alle Unfälle, die möglich sind, werden irgendwann passieren, wenn wir die Voraussetzungen für mögliche Unfälle nicht beseitigen. Tschernobyl ist die vielleicht letzte Chance zum Umdenken.
Jedes wirkliche Um-Denken setzt ein Um-Fühlen voraus. Wären uns das Gefühl und der innere Instikt für die Gefahr verlorengegangen, wir wären im Atomzeitalter endgültig verloren.
Wer nach Tschernobyl noch Atomkraftwerke bauen will, begründe dies bitte ehrlich mit den ökonomischen Interessen der Atomwirtschaft, aber nicht mit moralischen Ansprüchen. Moralisieren geht immer zu Lasten der Moral.
Auf Gott vertrauende Menschen sollten leichten Sinnes Politik machen, aber nicht leichtsinnige Politik. Wir können nicht zwei Herren dienen. Die alten religiösen Fragen haben eine ganz neue Dimension. Religiös sein heißt heute, die Heiligkeit der Schöpfungsordnung achten – privat und politisch. Die alten konservativen Worte und Werte bekommen im Angesicht der Gefahr eine ganz aktuelle Bedeutung. Ach, wären die Konservativen doch endlich konservativ anstatt atomare Revolutionäre! Die Erhaltung des Lebens und der Lebensgrundlagen ist eine urkonservative Aufgabe, nachdem die Welt am atomaren Abgrund angekommen ist.
Harrisburg, das Challenger-Unglück, Tschernobyl: das sind keine »Heimsuchungen«, wie Sie sagen, Herr Bundeskanzler, und schon gar keine gottgewollten Schicksalsschläge. Das ist Menschenwerk. Wir haben Fehler gemacht.
Der einzig ethisch verantwortbare Sachzwang heißt jetzt: keine neuen Kernkraftwerke, rascher Abbau der Kernenergie.
In diesem Sinne Ihr Franz Alt

Franz Alt: Offener Brief an Helmut Kohl. In: »Der Spiegel« vom 02.06.1986 (gekürzt).

Heinz Eduard Tödt: Schöpfungsglaube und Kernenergie

■ *Heinz Eduard Tödt (1918–1991), Professor für Systematische Theologie an der Universität Heidelberg, beschäftigte sich vor allem mit Fragen der Sozialethik und stellte sich dabei auch sehr konkreten Gegenwartsproblemen.*

In welche Richtung verweist uns der Schöpfungsglaube im einzelnen? Ich nenne ein paar charakteristische Punkte:

a. *Von einer technisch-anthropozentrischen zu einer ökologisch-mitkreatürlichen Sicht der Welt.*
Technik und Wissenschaft haben uns gelehrt, die Welt als Aggregat unbelebter und belebter Materie zu sehen, das den sogenannten Naturgesetzen folgt, aber in sich selbst keinen erkennbaren Sinn hat und daher dem Menschen zu unbegrenzter Manipulation zur Verfügung steht. Diese Sicht kann man als technologisch-anthropozentrisch charakterisieren. Demgegenüber lehrt uns der Schöpfungsglaube, die Welt ökologisch zu sehen, das heißt als den Wohnraum vieler Kreaturen. Demnach teilt der Mensch den Lebensraum Erde mit anderen Lebewesen, und diese sind als Mitgeschöpfe anzusehen und zu behandeln.

b. *Von der Besitz- und Ausbeutungsermächtigung zur Wahrnehmung des Schutz- und Fürsorgeauftrags für die lebendige und anorganische Mitwelt.*
Der Gestaltungsauftrag des Menschen, dominium terrae, ist keine Ausbeutungsermächtigung. Er ist [...] ein Ordnungsauftrag, der Fürsorge und Schutzaufgaben einschließt – Schutz für Tiere und Pflanzen, Schutz auch für die anorganische Welt, zum Beispiel für die Erdatmosphäre, bei deren Überbelastung mit Staub und Kohlendioxid schwere Klimastörungen eintreten würden. Erst seit kurzem macht man sich klar, daß der Mensch, wenn er diese Schutz- und Erhaltungsaufgabe vernachlässigt, auch die Grundlagen der eigenen Existenz untergräbt.

c. *Von der falschen Alternative zwischen Harmonisierung oder Radikalisierung des Konflikts zwischen Mensch und Natur zu schonenden, vermeidbare Opfer ersparenden Konfliktregelungen.*
Die biblischen Schöpfungsberichte sehen das Verhältnis von Mensch und Natur nicht als ein selbstverständliches, harmonisches Gleichgewicht, sondern als einen Konflikt, der durch die Schuld des Menschen verschärft ist. In diesem Konflikt soll und muß der Mensch die bestmöglichen Regelungen finden und verwirklichen. Dazu gehört, daß er die selbstsüchtige Gewalt, mit welcher er der Mitkreatur unnötige Opfer auferlegt und ihre kreatürliche Angst steigert, einschränkt, zurücknimmt.

d. *Neuentdeckung der Hilfen, welche der von Gott angenommene Mensch der in Angst und Not harrenden Kreatur zu bringen bestimmt ist (Römer 8,19).*
Der Apostel Paulus sagt Römer 8,19, die Kreatur warte in ängstlichem Harren darauf, daß Gottes Kinder offenbar werden, sichtbar hervortreten. Die Erwartung der Kreatur richtet sich darauf, daß der versöhnte Mensch auch der Kreatur in ihrer Angst und Not zum Helfer bei ihrem Freikommen von tödlicher Knechtschaft wird. Was damit vom Apostel ausgesprochen wird, können wir wohl in unserer heutigen Denkweise und Weltanschauung nur anfangsweise ahnen.

Erläuterung: *dominium terrae:* Herrschaft über die Erde (vgl. Gen. 1,26+28)

Heinz Eduard Tödt, Das Angebot des Lebens. Theologische Umstellungskrisen der modernen Welt. Gütersloher Verlagshaus 1978, S. 103–108.

Was bedeuten diese vier Gesichtspunkte nun für den Umgang mit der Kernenergie?

a) Ausbildung ökologisch schonender Techniken. Zwischen den Gefahren der Kernenergie und den Umweltschäden durch gesteigerte Gewinnung fossiler Energie ist der schonsamste Weg zu finden. Durch vorsichtiges Abbremsen des Zuwachses sind Zeit und Handlungsspielräume für die Entwicklung anderer Wege der Energieversorgung (zum Beispiel Sonnenenergie) zu gewinnen. [...]

b) Nicht in erster Linie die rein technischen, sondern viel mehr noch die politisch-gesellschaftlichen Probleme der weiteren Expansion technischer Großsysteme zur Erzeugung von Kernenergie (keine Sicherheit gegenüber Sabotage, Terrorismus, gezielte Feindeinwirkung) erinnern an die Schutzaufgabe des Menschen im Dienste des Mitmenschen, der kommenden Generationen und des Biosystems Erde. [...]

c) Das schmerzvolle Wissen um den tatsächlichen Konflikt zwischen dem gefallenen Menschen und der Mitkreatur verbietet die romantische Erwartung, als sei z. B. mit der Abschaffung der Kernenergie das Grundproblem gelöst. Je größer der Energiemangel, desto brutaler die daraus resultierenden politisch-gesellschaftlichen Konflikte in den Nationen und zwischen den Nationen, desto rücksichtsloser die Naturausbeutung. Daher: Zeit und Handlungsspielraum für energiesparende und damit konfliktentschärfende Optionen gewinnen. [...]

d) Der von Angst und einem nach außen gehenden Aggressionswillen befreite, der in seinem Gottesverhältnis und daher in sich selbst befriedete Mensch hat die Voraussetzungen, zum Bestehen und der Bewältigung der Umstellungskrise beizutragen. Eingedenk dessen, daß die geängstete Kratur auf das Hervortreten der Kinder Gottes wartet, wird er darauf acht haben, daß die Opfer, die der Mensch mit seiner technischen Weltgestaltung der Mitkreatur aufnötigt, möglichst gering gehalten werden. Daraus ergibt sich, daß den arbeitsintensiven kleinen und mittleren Technologien vor den gewaltsameren technischen Großsystemen überall, wo es nur möglich ist, der Vorzug gegeben wird.

Bernd Fasching: FRAU: ZEITLOS. Farne, Kohle, Mischtechnik auf Leinwand

Der 1955 in Wien geborene Künstler Bernd Fasching hat im Jahre 1994 mit Malerei und Skulpturen eine Ausstellung zur »Energiefrage« an drei Orten inszeniert.
Der eine Teil zeigte Skulpturen in der unmittelbaren Umgebung der Kernkraftruine Zwentendorf, 50 km westlich von Wien; der zweite Teil präsentierte in der Hospitalkirche in Stuttgart Bilder unter dem Motto: »Energie, Leben, Kunst: Warum Energie zur Überlebensfrage geworden ist«; der dritte, gezeigt auf der Kunstmesse in Zürich, forderte dazu auf, Verantwortung für die Opfer des Super-GAUs in Tschernobyl zu übernehmen.

Frankfurter Rundschau, 24. Oktober 1988

Kirchen wenden sich gegen die Atomstrategie

»Stuttgarter Erklärung« gilt als historischer Moment

STUTTGART, 23. Oktober (epd/dpa). Die christlichen Kirchen in der Bundesrepublik haben am Wochenende in Stuttgart erstmals eine gemeinsame Erklärung verabschiedet, in der sie sich zu »Überlebensfragen unserer Zeit« äußern. Die 70 Seiten lange »Stuttgarter Erklärung« wurde von den 120 Delegierten der evangelischen und katholischen sowie zehn kleineren Glaubensgemeinschaften zum Abschluß ihres dreitägigen Forums für »Gerechtigkeit, Frieden und Bewahrung der Schöpfung« einstimmig angenommen. Kirchenvertreter sprachen nach der Annahme des Papiers von einem »historischen Moment« für die seit der Reformation getrennten Kirchen. Das Forum geht auf eine Anregung des Atomphysikers und Philosophen Carl-Friedrich von Weizsäcker zurück.
»Krieg darf nach Gottes Willen nicht sein«, heißt es in der »Stuttgarter Erklärung«, in der zu einer Überwindung der »Institution des Krieges« aufgerufen wird. »Die nukleare Abschreckung ist wegen ihrer Risiken und Kosten als Instrument der Kriegsverhütung auf Dauer nicht geeignet«; sie müsse so schnell wie möglich durch »verläßlichere Strategien« ersetzt werden, heißt es weiter. Der Einsatz von Atomwaffen sei »vor dem Gewissen eines Christen nicht zu rechtfertigen«. Friedenssicherung müsse in eine Politik der Friedensförderung integriert werden, zu der auch ein »System gemeinsamer Sicherheit« zwischen Ost und West erforderlich sei. Notwendig sei eine »Lehre vom gerechten Frieden«.
Zum Thema Wehrdienst-/Kriegsdienstverweigerung heißt es, daß beide Entscheidungen »im individuellen Gewissen eines Christen begründet sein können«. Der verabschiedete Text macht deutlich, daß sich die Delegierten bei diesem wie auch bei anderen Themen nicht einig waren. Die Erklärung enthält daher in den Erläuterungen zu ihren Leitsätzen in mehreren Punkten auch die abweichenden Meinungen. […]
Die Erklärung spricht sich grundsätzlich gegen die Atomenergie aus: »Kernenergie darf aufgrund ihrer sozialen, technischen, ökologischen und militärischen Risiken nicht Grundlage der künftigen Energieversorgung sein.« Zu dieser Problematik hatte es besonders heftige Kontroversen gegeben, die nicht überwunden werden konnten.
Kirchliche Basisgruppen zeigten sich von dem »Kompromißpapier« enttäuscht. Es gebe kein Wort der »wirklichen Umkehr der Kirchen«, kein Zeichen der Solidarität mit Totalverweigerern und kein »durchdachtes Konzept« eines neuen Lebensstils, bedauerte ein Sprecher.

12 Verantwortungsethik

Der Abwurf der Atombomben auf Hiroshima und Nagasaki brachte zahlreiche führende Naturwissenschaftler dazu, ihren »Elfenbeinturm« zu verlassen und sich den Fragen nach der Verantwortung für die Folgen ihrer Forschungen zu stellen. Robert Oppenheimer sagte einmal: »Wir Wissenschaftler sind in diesen Jahren bis zum Rand des Abgrunds der Vermessenheit gegangen. Wir haben gesündigt.« In welcher Weise aber die Verantwortung für die Folgen der Forschung übernommen und wie der Prozeß der wissenschaftlich-technischen Entwicklung menschenfreundlich gesteuert werden kann, ist bis heute eine ungelöste, aber drängende, ja überlebensnotwendige Frage. Diskutiert wurden in diesem Zusammenhang ein »hippokratischer Eid für Naturwissenschaftler«, eine Ethik der Verantwortung und die Modelle der Technikbewertung oder der Technikfolgenabschätzung (TFA), bei der ganze Forschungsrichtungen und Technikentwicklungen einer Prüfung unterzogen werden.

Bertolt Brecht: Ein Geschlecht erfinderischer Zwerge

■ *Bertolt Brecht (1898–1956), einer der bedeutendsten deutschsprachigen Schriftsteller des 20. Jahrhunderts, wurde vor allem durch seine Theaterstücke bekannt. Im 1938/39 entstandenen und nach dem Ende des 2. Weltkriegs überarbeiteten »Leben des Galilei« schlägt sich Brecht gegen die rückständige Kirche auf die Seite der Naturwissenschaft, stellt aber im großen Schlußmonolog des Galilei auch diese wiederum in Frage. Galilei redet hier mit seinem ehemaligen Schüler Sarti, der jetzt selbst ein Wissenschaftler geworden ist.*

Wofür arbeitet ihr? Ich halte dafür, daß das einzige Ziel der Wissenschaft darin besteht, die Mühseligkeit der menschlichen Existenz zu erleichtern. Wenn Wissenschaftler, eingeschüchtert durch selbstsüchtige Machthaber, sich damit begnügen, Wissen um des Wissens willen aufzuhäufen, kann die Wissenschaft zum Krüppel gemacht werden, und eure neuen Maschinen mögen nur neue Drangsale bedeuten. Ihr mögt mit der Zeit alles entdecken, was es zu entdecken gibt, und euer Fortschritt wird doch nur ein Fortschreiten von der Menschheit weg sein. Die Kluft zwischen euch und ihr kann eines Tages so groß werden, daß euer Jubelschrei über irgendeine neue Errungenschaft von einem universalen Entsetzensschrei beantwortet werden könnte. – Ich hatte als Wissenschaftler eine einzigartige Möglichkeit. In meiner Zeit erreichte die Astronomie die Marktplätze. Unter diesen ganz besonderen Umständen hätte die Standhaftigkeit *eines* Mannes große Erschütterungen hervorrufen können. Hätte ich widerstanden, hätten die Naturwissenschaftler etwas wie den hippokratischen Eid der Ärzte entwickeln können, das Gelöbnis, ihr Wissen einzig zum Wohle der Menschheit anzuwenden! Wie es nun steht, ist das Höchste, was man erhoffen kann, ein Geschlecht erfinderischer Zwerge, die für alles gemietet werden können. Ich habe zudem die Überzeugung gewonnen, Sarti, daß ich niemals in wirklicher Gefahr schwebte. Einige Jahre lang war ich ebenso stark wie die Obrigkeit. Und ich überlieferte mein Wissen den Machthabern, es zu gebrauchen, es nicht zu gebrauchen, es zu mißbrauchen, ganz wie es ihren Zwecken diente [...].
Ich habe meinen Beruf verraten. Ein Mensch, der das tut, was ich getan habe, kann in den Reihen der Wissenschaft nicht geduldet werden.

Bertolt Brecht: Gesammelte Werke Bd. 3, Suhrkamp Verlag, Frankfurt a. M. 1967, S. 1340f.

Karl R. Popper: Ein Lehrlingseid

■ *Der Naturwissenschaftler und Philosoph Karl Raimund Popper (1902–1994) versuchte, die von ihm im Bereich der Wissenschaftstheorie begründete Idee eines Kritischen Rationalismus auch auf gesellschaftliche Fragen anzuwenden.*

Für die angewandten Naturwissenschaften ist das Problem der moralischen Verantwortlichkeit nicht neu. Es wurde, wie so viele andere Fragen, erstmals von den Griechen aufgeworfen. Ich denke hier an den Eid des Hippokrates; ein erstaunliches Dokument auch dann, wenn vielleicht einige seiner wesentlichsten Grundgedanken sich heute als revisionsbedürftig erweisen sollten. [...]
Ich halte es für wichtig und nachahmenswert, daß es sich beim Eid des Hippokrates um einen Lehrlingseid handelte. In vielen Diskussionen über unser Thema gibt man sich nämlich zuwenig Rechenschaft über die Situation des Lehrlings, das heißt heute über die Situation des Studierenden. Aber gerade die, die am Anfang ihres Studiums stehen, machen sich Gedanken über die moralische Verantwortung, die sie auf sich zu nehmen haben, wenn sie später selbst als praktische Wissenschaftler arbeiten werden. Ich habe das Gefühl, es könnte für sie eine beträchtliche Hilfe bedeuten, wenn man ihnen Gelegenheit bieten würde, sich über diese Probleme auszusprechen. [...]
Mein Vorschlag lautet daher, daß man – in Zusammenarbeit mit den Studenten – versuchen sollte, eine den heutigen Erfordernissen angemessene Formel eines bindenden Versprechens, ähnlich dem hippokratischen Eid, zu schaffen. Es ist klar, daß dem Studierenden eine solche Formel nicht aufgedrängt werden darf. Im Gegenteil, wenn er Einwände erhebt, so würde er gerade dadurch ein höchst willkommenes Interesse zeigen, und sein Versprechen würde um so mehr ernst zu nehmen sein. Er sollte daher aufgefordert werden, Gegenvorschläge zu machen oder die Gründe für seine Einwände zu formulieren.
Der Hauptzweck bestünde darin, ihn auf die Wichtigkeit der Probleme aufmerksam zu machen und die Diskussion in Gang zu halten. Es wäre dies gleichzeitig auch eine Diskussion über die Rolle der Tradition: der rein wissenschaftlichen und der moralischen Tradition, und der Notwendigkeit, sie immer wieder zu erneuern und zu kritisieren.

Karl R. Popper: Die moralische Verantwortlichkeit des Wissenschaftlers. In: Meyers Enzyklopädisches Lexikon Bd. 25. Mannheim, Wien, Zürich 1979, S. 435f.

Wolfgang Huber: Schöpfungsgedanke und Fortschrittsglaube

■ *Wolfgang Huber (geb. 1940), lange Zeit Theologieprofessor in Heidelberg, Präsidialmitglied des Deutschen Evangelischen Kirchentages, ist heute Bischof der Evangelischen Landeskirche in Berlin-Brandenburg. In seinen Schriften und Reden nimmt er immer wieder zu aktuellen Fragen des Friedens, der Gerechtigkeit und der Bewahrung der Schöpfung Stellung.*

Daß es den Naturwissenschaftlern gelungen ist, in die Geheimnisse des Atoms wie des genetischen Codes einzudringen, bestimmt ihr Selbstbewußtsein. Manche begründen daraus einen Epochenwandel von nahezu unvergleichlicher Dramatik. [...] Doch mit überwältigender Rasanz ergaben sich aus beiden Durchbrüchen Anwendungsfolgen von ungeahnten Ausmaßen. [...]

Auf das Gefährdungspotential neuer Technologien antworten weder Wissenschaft noch Politik mit Schritten der Selbstbegrenzung; sie antworteten vielmehr mit der Forderung nach neuen Sicherheitsmaßnahmen. Die entscheidende Aufgabe wird nicht darin gesehen, die Menschen vor den Folgen neuer Technologien zu schützen; vielmehr geht es darum, die Technik gegenüber der Fehlerhaftigkeit der Menschen zu immunisieren. Priorität genießt heute nicht die Entwicklung einer fehlerfreundlichen, einer in diesem präzisen Sinn humanen Technik; Priorität genießt heute vielmehr die Sicherung des Fortschritts gegen die Fehler der Menschen. Auch in den Entscheidungen unserer Tage trägt der Glaube an den unbegrenzten Fortschritt den Sieg davon. Er ist erfolgreicher als der Versuch, der Grenzen der Menschen eingedenk zu bleiben.

Hinter den wissenschaftsethischen Kontroversen unserer Zeit steht der Konflikt zwischen dem Fortschrittsglauben und jenem Denken, das sich an der Differenz zwischen dem unendlichen Schöpfer und der Endlichkeit seiner Geschöpfe orientiert. Mit Absicht widerspreche ich mit dieser Formulierung einem geläufigen Vorurteil. Es pflegt die Rationalität der Neuzeit mit dem mythischen Denken früherer Epochen zu kontrastieren. Mein Zweifel an diesem Vorurteil drückt sich in der Rede vom Schöpfungs*gedanken* und vom Fortschritts*glauben* aus. Die neuzeitliche Entwicklung ist von einem Glauben an den Fortschritt bestimmt, der alle rationale Begründung hinter sich läßt. Zur Tradition des Denkens aber – nicht nur in Europa – gehört eine Denkform, deren Vernunft heute wiederzuentdecken ist: die Unterscheidung zwischen dem Schöpfer und seinem Geschöpf. [...]

Über Jahrhunderte hat man die Aktualität des Schöpfungsgedankens vor allem darin gesehen, daß er den Menschen zu umfassender Herrschaft über die Natur ermächtigt. Der biblische Imperativ »Machet euch die Erde untertan« (Gen. 1,28) wurde so in den Dienst des Fortschrittsglaubens gestellt. Erst in der Krise des menschlichen Naturverhältnisses entdecken wir, daß ein weit wichtiger Zug des Schöpfungsgedankens an anderer Stelle zu suchen ist: nicht in der Gleichheit zwischen dem Schöpfergott und dem Menschen, sondern in ihrer Differenz. Die schöpferische Fähigkeit des Menschen ist zwiespältig: sie kann Leben fördern und zerstören, Zukunft erschließen oder versperren. Die zwiespältige Herrschaft des Menschen kann allenfalls dann gebändigt werden, wenn ihr die Unantastbarkeit des Lebendigen als Grenze entgegentritt. Angesichts der Gefahr, die von menschlicher Herrschaft über die Natur ausgeht, öffnet sich ein neuer Zugang zu dem, was Kultur anfänglich hieß und aufs neue heißen könnte: bebauen, um zu bewahren; bewahren, um zu bebauen. [...]

Die Frage, die ich mit den bisherigen Überlegungen vorbereiten wollte, heißt, ob die heute gebotene Wissenschaftsethik sich am Fortschrittsglauben oder am Schöpfungsgedanken orientieren soll. [...]

Für die am Fortschrittsglauben orientierte Denkweise enthält die gegenwärtige Situation kein neues wissenschaftsethisches Problem. Verantwortlich ist der Wissenschaftler nur für die internen Praxisfolgen seiner Forschung, für Risiken also, die im Forschungsprozeß selbst auftreten. Verantwortlich ist er nach dieser Denkweise dagegen nicht für die externen Folgen seiner Forschung. Was geschieht, wenn seine Erkenntnisse technisch umgesetzt, industriell angewandt oder militärisch genutzt werden, liegt jenseits seiner Verantwortung. Eine am Schöpfungsgedanken orientierte Argumentation dagegen beharrt darauf, daß der Horizont unserer Verantwortung mit der Reichweite der Mittel wächst, die wir entwickeln oder über die wir verfügen. Deshalb erstreckt sich die Verantwortung der heute Lebenden auf die Lebensbedingungen künftiger Generationen und auf das Lebensrecht der außermenschlichen Natur. Dieser Grundsatz gilt dann auch für die Wissenschaftsethik. [...]

Wissenschaftliche Entwicklungen müssen an der Frage geprüft werden, ob wir dadurch die Lebensbedingungen künftiger Generationen erhalten oder einschränken, ob wir sie gewährleisten oder aufs Spiel setzen.

Hans Jonas hat die Struktur einer Verantwortungsethik auf die Formel eines Kategorischen Imperativs gebracht: »Handle so, daß die Wirkungen deines Handelns verträglich sind mit der Permanenz echten menschlichen Lebens auf der Erde.« Negativ und vielleicht bescheidener formuliert kann man daraus eine Unterlassungsregel ableiten: Unterlasse Handlungen, von denen du befürchten mußt, daß ihre Wirkungen unvereinbar sind mit der Permanenz echten menschlichen Lebens auf der Erde.

Gegen diesen Imperativ lassen sich [...] Einwände vorbringen. [Ein] Einwand richtet sich gegen die Anthropozentrik seiner Formulierung. Wissenschaftsethik sollte sich an der Einsicht orientieren, daß nicht nur dem Menschen eine spezifische Würde zukommt, sondern auch der außermenschlichen Natur. Auch sie ist nicht einfach ein Mittel für den Menschen, sondern hat ihren eigenen Sinn, ihren eigenen Zweck, ihre eigene Schönheit. Der Horizont der heute gebotenen Verantwortungsethik ist nicht nur die Permanenz menschlichen Lebens, sondern der Fortbestand des Lebens in seiner Vielfalt und Fülle.

Wolfgang Huber: Fortschrittsglaube und Schöpfungsgedanke. Überlegungen zur Verantwortung der Wissenschaft. In: Konflikt und Konsens. Studien zur Ethik der Verantwortung, München 1990, S. 196–198, 203–206.

Charlie Chaplin (1889–1977) in »Modern Times« (1932–1935). Foto: Stiftung Deutsche Kinemathek/Tobis.

Technikbewertung

Der folgende Text zur Technikbewertung stammt aus einer Richtlinie des Vereins Deutscher Ingenieure (VDI) aus dem Jahre 1991:

■

»*Technikbewertung*« bedeutet das planmäßige, systematische, organisierte Vorgehen, das

❒ den Stand einer Technik und ihre Entwicklungsmöglichkeiten analysiert,

❒ unmittelbare und mittelbare technische, wirtschaftliche, gesundheitliche, ökologische, humane, soziale und andere Folgen dieser Technik und möglicher Alternativen abschätzt,

❒ aufgrund definierter Ziele und Werte diese Folgen beurteilt oder auch weitere wünschenswerte Entwicklungen fordert,

❒ Handlungs- und Gestaltungsmöglichkeiten daraus herleitet und ausarbeitet,

so daß begründete Entscheidungen ermöglicht und gegebenenfalls durch geeignete Institutionen getroffen und verwirklicht werden können.

VDI-Richtlinie 3780: Technikbewertung. Grundlagen und Begriffe. Düsseldorf: VDI 1991, S. 2.

E Wie forschen die Naturwissenschaften?

Als Galileo Galilei am schiefen Turm von Pisa mit Experimenten zu den Fallgesetzen begann, schlug die Geburtsstunde der neuzeitlichen Naturwissenschaften. Der Siegeszug, den sie antraten, war unvorstellbar. Die von der Naturwissenschaft geprägte Welt bestimmt unser Leben und ist uns zur Selbstverständlichkeit geworden, sie formt unser Weltbild. Häufig hört man den Satz: »Ich glaube nur, was die Wissenschaft beweisen kann!«
Doch sehen wir die Realität, wie sie tatsächlich ist? Erfassen die Naturwissenschaften das Wesen der Natur? Was versteht man überhaupt unter »Naturwissenschaften«? Gibt es eine bestimmte, naturwissenschaftliche Vorgehensweise, eine allgemeingültige wissenschaftliche Methode? Was heißt »Die Wissenschaft hat bewiesen«? Ist die naturwissenschaftliche Forschung nur der abstrakten Wahrheitssuche verpflichtet oder spielen bei ihr auch gesellschaftliche und wirtschaftliche Einflüsse eine Rolle? Und schließlich: Ist den Naturwissenschaften zu trauen, wenn sie behaupten, daß der Glaube an Gott unwissenschaftlich oder unsinnig sei?

13 Die Wirklichkeit wahrnehmen

Ibuse Masuji: Erste Liebe

Als ich achtzehn war, mußte ich eine Zeitlang jede Woche einmal zum Krankenhaus gehen. Dort verliebte ich mich in eine der Krankenschwestern. Sie war eine Frau von achtundzwanzig Jahren.
Um diese Zeit bekam das Krankenhaus einen Röntgenapparat. Nachdem der begleitende Techniker den Apparat installiert hatte, riefen der Chefarzt sowie die übrigen Ärzte alle Patienten und Krankenschwestern herbei, um ihnen den Röntgenapparat vorzuführen. Da auch ich zu den Patienten zählte, betrat ich mit den anderen die Dunkelkammer. Bald darauf ließ der Chefarzt den Apparat geräuschvoll anlaufen, doch wollte sich keiner vor das unheimliche Licht stellen. Da wandte sich der Chefarzt gerade an die Krankenschwester, in die ich mich verliebt hatte, und drängte: »Los, los! Schade um den Strom.« Er hieß sie eine feste Augenbinde vorlegen und vor das unheimliche Licht treten. Aber was für ein trostloser Anblick! Ihr Gesicht hatte sich in ein bloßes Skelett verwandelt, was uns allen die Sprache verschlug. Das Schweigen im Raum schien das weibliche Skelett verlegen zu machen, denn es legte, kokett kichernd, den Handrücken an den Mund. Doch was wir zu sehen bekamen, war lediglich, wie ein Skelett seinen großen Mund öffnet und wie sich darüber eine Hand aus bloßen Knochen legt.
Von jenem Tag an genierte es mich, daß sie älter war als ich, und außerdem empfand ich die Liebe als etwas Schreckliches.

Ibuse Masuji. Aus dem Japanischen übersetzt von Barbara Yoshida-Krafft; Originaltitel »Hatsukoi« (1930). Neue Zürcher Zeitung vom 21.1.1994, S. 30.

Hoimar von Ditfurth: Wie wirklich ist die Wirklichkeit?

■ *Hoimar von Ditfurth (1921–1989), Professor für Psychiatrie und Neurologie, wurde durch seine allgemeinverständlichen Darstellungen von naturwissenschaftlichen Erkenntnissen in Büchern und im Fernsehen bekannt.*

Für den naiven Realisten ist der Gedanke an die Möglichkeit einer »jenseits« unserer Welt existierenden Wirklichkeit bereits durch den Hinweis auf seine unmittelbare Erfahrung widerlegt. Wer nur an das glauben will, was er »anfassen« kann, nur das, von dessen Realität er sich dadurch vergewissern zu können meint, daß er es sehen, hören oder auf andere Weise wahrnehmen kann, für den bezieht sich alles Reden über eine solche Möglichkeit auf ein bloßes Hirngespinst.
Das objektive Fundament jedoch, auf das ein Realist solchen Kalibers sich beruft, ist weitaus weniger solide, als ein so ungebrochenes Vertrauen auf wahrnehmbare Objektivität es für möglich hält. Der »naive Realismus« ist seit mehr als 2000 Jahren, seit Plato, als Illusion durchschaut. Welches sind die Argumente?
Vor einigen Jahren stellte mir jemand die Frage, ob es eigentlich dunkel im Kosmos würde, wenn alle Augen verschwänden. Fragen dieser Art stehen am Anfang aller erkenntnistheoretischen Überlegungen. »Hell« und »dunkel« sind, wie jeder feststellen kann, der sich die Mühe macht, darüber nachzudenken, nicht Eigenschaften der Welt, sondern »Seherlebnisse«: Wahrnehmungen, die entstehen, wenn elektromagnetische Wellen bestimmter Länge – zwischen 400 und 700 millionstel Millimetern – auf die Netzhaut von Augen fallen. Wir haben allen Grund zu der Annahme, daß das auch für tierische Augen gilt, und wir wissen sogar, daß die Länge der den Eindruck »hell« hervorrufenden Wellen bei manchen Tieren von den Frequenzen abweicht, die für menschliche Augen gelten. [...]
Der wirklichen Situation wird man nur dann gerecht, wenn man annimmt, daß in der Außenwelt elektromagnetische Wellen der verschiedensten Längen (oder, was auf dasselbe herausläuft, »Frequenzen«) existieren, daß unsere Augen auf

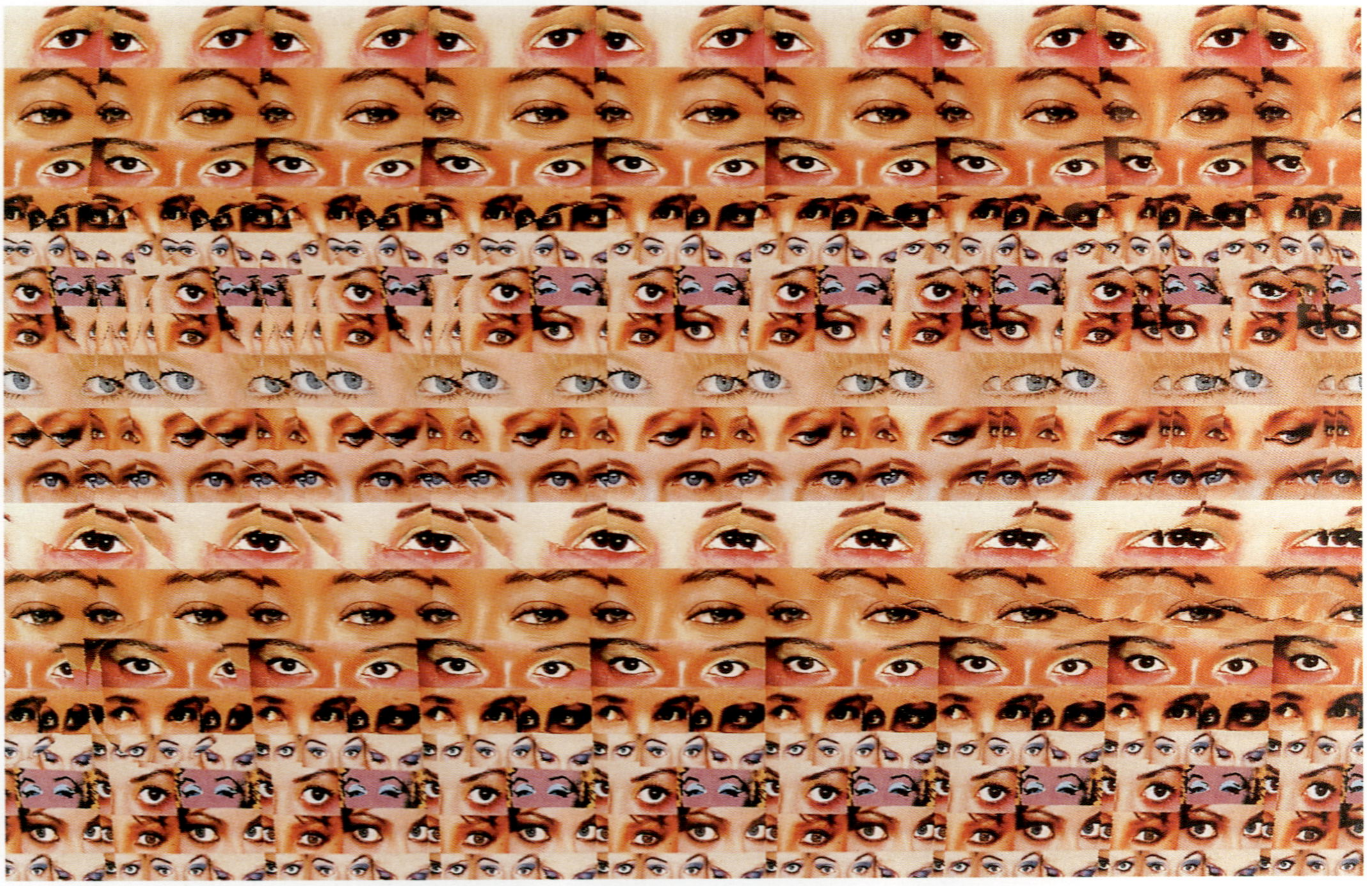

»Der Mensch ist eine Sonne. Seine Sinne sind seine Planeten.« (Novalis, Fragmente).
Wer richtig hinschaut, sieht in 3 Dimensionen, d. h. räumlich, den Planeten Saturn.
Nach: Werner Tiki Küstenmacher: 3-D-Meditationen. Von der himmlischen Kunst, sich überraschen zu lassen. R. Brockhaus Verlag, Wuppertal und Zürich.

einen (vergleichsweise außerordentlich kleinen) Ausschnitt dieses »Frequenzbandes« ansprechen und daß unser Gehirn, genauer: der »Sehrinde« genannte Teil unseres Großhirns, die durch das Ansprechen der Netzhaut ausgelösten Signale dann auf irgendeine, absolut rätselhaft bleibende Weise in optische Erlebnisse übersetzt, die wir mit den Worten »hell« oder »dunkel«, mit verschiedenen Farbbezeichnungen usw. beschreiben. [...]

Auf dem ganzen Wege, der zwischen Netzhaut und Sehrinde liegt, wird es nicht hell, auch nicht in der »Endstation«. »Hell« ist erst das optische Erlebnis hinter jener rätselhaft bleibenden Grenze, die körperliche Vorgänge und psychische Erlebnisse für unser Begriffsvermögen voneinander trennt. Hell ist es daher auch nicht in der Außenwelt, nicht im Kosmos, und zwar ganz unabhängig davon, ob es Augen gibt oder nicht.

Ist der Kosmos in Wahrheit also dunkel? Diese Möglichkeit hatte die Frage ja vorausgesetzt. Auch das aber scheidet aus. Das Eigenschaftswort »dunkel« nämlich bezieht sich aus den gleichen Gründen nicht auf eine Eigenschaft der Außenwelt, sondern beschreibt ebenfalls ausschließlich ein Seherlebnis. Man könnte auch sagen: Da der Kosmos nicht hell sein kann, kann er auch nicht dunkel sein, denn das eine ist nur als das Gegenteil des anderen denkbar. [...]

Man sieht, die scheinbar so simple Frage, ob es in der Welt ohne Augen dunkel wäre, hat es in sich. Wie beiläufig sind wir bei ihrer Erörterung auf alle wesentlichen Voraussetzungen der Problematik der sogenannten Erkenntnistheorie gestoßen. Wir haben, erstens, angenommen, daß es außerhalb des Erlebens eine reale Außenwelt tatsächlich gibt. Wir stellten, zweitens, fest, daß das, was wir erleben, nicht ohne weiteres als reale Eigenschaft dieser Außenwelt anzusehen ist. Und schließlich hat sich auch bereits gezeigt, daß es allem Anschein nach reale Eigenschaften dieser von uns vorausgesetzten Außenwelt gibt, die wir, wie zum Beispiel die außerhalb des engen Empfindlichkeitsbereichs unserer Netzhaut liegenden Frequenzen elektromagnetischer Wellen, gar nicht wahrnehmen können. [...]

Und als ob das alles noch nicht genug wäre: Selbst der – aller Wahrscheinlichkeit nach also nur winzige – Ausschnitt der Außenwelt, den wir überhaupt erfassen können, wird uns von unseren Sinnesorganen und unserem Gehirn nun keineswegs etwa so vermittelt, »wie er ist«. In keinem Falle ist das, was in unserem Erleben schließlich auftaucht, etwa ein getreues »Abbild«. Auch das wenige, was wir überhaupt wahrnehmen, gelangt vielmehr nicht ohne komplizierte und im einzelnen völlig undurchschaubar bleibende Verarbeitung in unser Bewußtsein. Unsere Sinnesorgane bilden die Welt

nicht etwa für uns ab. Sie legen sie für uns aus. Der Unterschied ist fundamental.
Wenige Hinweise genügen, um sich davon zu überzeugen. Ein Fall wurde schon genannt: die Tatsache, daß Auge und Gehirn elektromagnetische Wellen in das Erlebnis »Licht« verwandeln und in verschiedene Farbeindrücke, je nach der Länge der am Augenhintergrund eintreffenden Wellen. Die Natur einer elektromagnetischen Welle hat nun aber mit dem, was wir »Licht« oder »hell« nennen, nicht das geringste zu tun. (Mit der einen entscheidenden Ausnahme, daß das eine die Ursache des anderen darstellt, sobald Augen und Gehirne mit im Spiele sind.) Helligkeit und elektromagnetische Wellen haben überhaupt keine Ähnlichkeit miteinander.
Das gleiche gilt für die verschiedenen Farben. Eine Wellenlänge von 700 millionstel Millimetern hat mit dem Farberlebnis »Rot« genausowenig zu tun wie die Wellenlänge 400 millionstel Millimeter mit dem Farberlebnis »Blau«. Keinerlei Ähnlichkeit besteht hier auch zwischen dem Unterschied von nur 300 millionstel Millimetern, wie er auf der einen, der körperlichen Seite zwischen beiden Längenbereichen liegt (und der sich im Gesamtspektrum verschwindend winzig ausnimmt), und dem sich auf der anderen, psychischen Seite aus diesem Unterschied ergebenden Kontrast zwischen den Farben Rot und Blau.
Ein letztes Beispiel. Es hatte eben geheißen, daß wir nicht fähig sind, elektromagnetische Wellen außerhalb des schmalen Bandes des optisch sichtbaren »Lichts« unmittelbar wahrzunehmen. Das stimmt nicht ganz, wenn man es genau nimmt. Die Ausnahme macht die ganze Angelegenheit aber nur noch verwirrender. Denn an einer etwas anderen, etwas langwelligeren Stelle des gleichen Spektrums, und zwar etwa zwischen einem tausendstel und einem ganzen Millimeter Wellenlänge, können wir dieselben Wellen wieder registrieren. Allerdings sprechen auf sie nicht unsere Augen, sondern Sinnesrezeptoren in unserer Haut an. Wir sehen diese Wellen nicht, fühlen sie aber. Wir nehmen sie als Wärmestrahlung wahr.

Man muß sich klarmachen, was das bedeutet: Alle elektromagnetischen Wellen sind wesensgleich. Immer die vollkommen gleiche Art der Strahlung. Der einzige Unterschied besteht in der Wellenlänge. Je nach der spezifischen Anpassungsform unserer Sinneszellen erleben wir bestimmte Frequenzen dieser Wellen dann als Licht oder verschiedene Farben – oder aber als strahlende Wärme. Von der »Abbildung« einer realen Welt, »so wie sie ist«, kann da ganz offensichtlich nicht mehr die Rede sein.
Man sieht, der »naive Realist« ist in der Tat naiv. Das von ihm für so grundsolide gehaltene Konzept einer durch sinnliche Wahrnehmung überprüfbaren (objektivierbaren) Realität erweist sich im Handumdrehen als reine Illusion. So einfach liegen die Dinge nicht.

Hoimar von Ditfurth: Wir sind nicht nur von dieser Welt. Naturwissenschaft, Religion und die Zukunft des Menschen. Hoffmann und Campe, Hamburg, 2. Auflage 1981, S.153–157 (Text geringfügig umgestellt und geglättet).

Hans-Peter Dürr: Das Netz des Physikers

■ *Der Physiker Hans-Peter Dürr, 1929 in Stuttgart geboren, ist heute Professor am Max-Planck-Institut für Physik in München und zudem Vorstandsmitglied bei Greenpeace. 1987 erhielt er den Alternativen Nobelpreis (Right Livelihood Award). Er beschäftigt sich vor allem mit Grundlagenfragen der Physik und mit dem Verhältnis der Physik zu Philosophie, Ethik und Religion.*

Was meint eigentlich ein Naturwissenschaftler, wenn er von Erkenntnis spricht, was ist das für ein Wissen, das einer solchen Erkenntnis entspringt? Wie steht das Wissen der »Wissenschaft«, und hier insbesondere das der sogenannten »exakten Naturwissenschaften«, in Beziehung zur eigentlichen Wirklichkeit, zur ursprünglichen Welterfahrung, was immer wir darunter verstehen mögen?
Von der Beantwortung dieser Fragen wird es abhängen, welchen Beitrag naturwissenschaftliches Denken prinzipiell zu einem Gesamtverständnis unserer Wirklichkeit leisten kann. Dies sind erkenntnistheoretische Fragen, deren Beantwortung eigentlich den Philosophen überlassen werden sollte. Die modernen Entwicklungen in den Naturwissenschaften, insbesondere die umwälzenden Erkenntnisse in der Physik zu Beginn unseres Jahrhunderts, die zur Formulierung der Quantenmechanik führten, haben den Naturwissenchaftler aber geradezu in diese Fragestellungen hineingedrängt. Er mußte zu seiner Überraschung feststellen, daß sein Wissen über die von ihm abstrakt vorgestellte Wirklichkeit sehr eng mit den Methoden zusammenhängt, mit denen er die Natur erforscht.

Lassen Sie mich diese Beziehung zwischen den Erkenntnissen der Naturwissenschaft über die Wirklichkeit und der »eigentlichen« Wirklichkeit mit einer einprägsamen Parabel beschreiben, die von dem berühmten englischen Astrophysiker Sir Arthur Eddington in seinem 1939 erschienenen Buch *The Philosophy of Physical Sciences* (dt. *Philosophie und Naturwissenschaft,* 1949) angeführt wird.
Eddington vergleicht in dieser Parabel den Naturwissenschaftler mit einem Ichthyologen, einem Fischkundigen, der das Leben im Meer erforschen will. Er wirft dazu sein Netz aus, zieht es gefüllt an Land und prüft seinen Fang nach der gewohnten Art eines Wissenschaftlers. Nach vielen Fischzügen und gewissenhaften Überprüfungen formuliert er zwei Grundgesetze der Ichthyologie:

1. Alle Fische sind größer als fünf Zentimer.
2. Alle Fische haben Kiemen.

Er nennt diese Aussagen Grundgesetze, da beide Punkte sich ohne Ausnahme bei jedem Fang bestätigt hatten. Hypothetisch nimmt er deshalb an, daß diese Aussagen auch bei jedem künftigen Fang sich bestätigen, also wahr bleiben werden.
Ein kritischer Betrachter – wir wollen ihn einmal den Metaphysiker nennen – ist jedoch mit der Schlußfolgerung des Ichthyologen höchst unzufrieden und wendet energisch ein: »Dein zweites Grundgesetz, daß alle Fische Kiemen haben, lasse ich als Gesetz gelten, aber dein erstes Grundgesetz, das

über die Mindestgröße der Fische, ist gar kein Gesetz. Es gibt im Meer sehr wohl Fische, die kleiner als fünf Zentimeter sind, aber diese kannst du mit deinem Netz einfach nicht fangen, da es eine Maschenweite von fünf Zentimetern hat!«
Unser Ichthyologe ist von diesem Einwand jedoch keineswegs beeindruckt und entgegnet: »Was ich mit meinem Netz nicht fangen kann, liegt prinzipiell außerhalb fischkundlichen Wissens, es bezieht sich auf kein Objekt der Art, wie es in der Ichthyologie als Objekt definiert ist. Für mich als Ichthyologen gilt: Was ich nicht fangen kann, ist kein Fisch.«

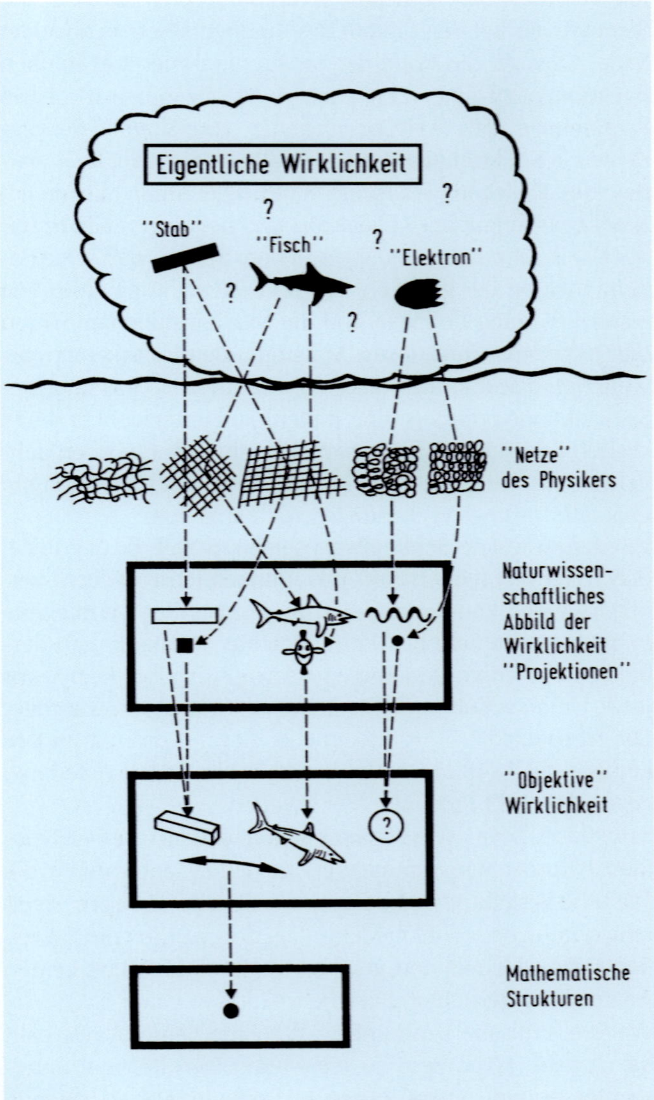

Beziehung der »naturwissenschaftlichen Projektionen« zur »eigentlichen Wirklichkeit«.
Hans-Peter Dürr: Das Netz des Physikers. Naturwissenschaftliche Erkenntnis in der Verantwortung. © 1988 Carl Hanser Verlag München/Wien, S. 34

Soweit die Parabel. Sie läßt sich als Gleichnis für die Naturwissenschaft verwenden. Bei Anwendung dieses Gleichnisses auf die Naturwissenschaft entsprechen dem Netz des Ichthyologen das methodische Rüstzeug und die Sinneswerkzeuge des Naturwissenschaftlers, die er benutzt, um seinen Fang zu machen, d. h. naturwissenschaftliches Wissen zu sammeln, dem Auswerfen und Einziehen des Netzes die naturwissenschaftliche Beobachtung.
Wir sehen sofort, daß dem Streit zwischen dem Ichthyologen und dem Metaphysiker kein eigentlicher Widerspruch zugrunde liegt, sondern dieser nur durch die verschiedenen Betrachtungsweisen der Kontrahenten verursacht wird. Der Metaphysiker geht von der Vorstellung aus, daß es im Meer eine objektive Fischwelt gibt, zu der auch sehr kleine Fische gehören können. Vielleicht gibt es für ihn auch gewisse Hinweise darauf, wenn er etwa vom Ufer aus ins Wasser schaut. Aber er hat Schwierigkeiten, deren »Objektivität« im Sinne des Ichthyologen zu beweisen, denn im Sprachgebrauch des Ichthyologen ist ein Objekt etwas, was er mit dem Netz fangen kann. Der Metaphysiker empfindet diese Bedingung der Fangbarkeit als unzulässige subjektive Einschränkung der für ihn objektiven Wirklichkeit und bestreitet deshalb die Relevanz der Aussage des Ichthyologen.
Der Ichthyologe ist hier anderer Meinung. Für ihn ist uninteressant, ob er im Zuge seines Fangs eine Auswahl trifft oder nicht. Er bescheidet sich mit dem, was er fangen kann, und hat deshalb gegenüber dem Metaphysiker den Vorteil, nirgends vage Spekulationen anstellen zu müssen. Die Prägnanz seiner Aussagen beruht wesentlich auf dieser Selbstbescheidung. Die Beschränkung auf das Fangbare erscheint darüber hinaus vom praktischen Standpunkt aus ohne große nachteilige Konsequenzen. Für die Fischesser ist das Wissen, das der Ichthyologe etabliert, völlig ausreichend, da ein nichtfangbarer Fisch für sie uninteressant ist. […]
Das Gleichnis mit unserem Ichthyologen ist selbstverständlich zu einfach, um die Stellung des Naturwissenschaftlers und seine Beziehung zur Wirklichkeit angemessen zu beschreiben. Aber das Gleichnis ist doch differenziert genug, um wenigstens die wesentlichen Merkmale dieser Beziehung zu charakterisieren. Die Naturwissenschaft handelt nicht von der eigentlichen Wirklichkeit, der ursprünglichen Welterfahrung, oder, allgemeiner: dem, was dahintersteht, sondern nur von einer bestimmten Projektion dieser Wirklichkeit, nämlich von dem Aspekt, den man, nach Maßgabe detaillierter Anleitungen in Experimentalhandbüchern, durch »gute« Beobachtungen herausfiltern kann.

Hans-Peter Dürr: Naturwissenschaft und Wirklichkeit. In: Helmut A. Müller (Hg.): Naturwissenschaft und Glaube. Scherz Verlag, Bern u. a. 1988, S. 71–73.

14 Methoden der Naturwissenschaften

Man hört häufig den Satz: »Die Wissenschaft hat bewiesen, daß ...« Dahinter steckt in der Regel die Vorstellung, daß Naturwissenschaftler aus einer Reihe von Beobachtungen und Experimenten eine Hypothese und aus weiteren Bestätigungen dann eine Theorie ableiteten (Induktiver Weg vom Einzelnen und Konkreten zum Allgemeinen und Abstrakten). Der Wissenschaftstheoretiker Karl R. Popper widersprach dieser Vorstellung und behauptete, daß wichtige Erkenntnisse in den Naturwissenschaften auf ganz andere Weise zustandekommen.

Semmelweis und das Kindbettfieber

Ignaz Semmelweis, ein ungarischer Arzt, arbeitete von 1844 bis 1848 am Wiener Allgemeinen Krankenhaus. Als Mitglied des ärztlichen Kollegiums der Ersten Geburtshilflichen Abteilung dieses Krankenhauses war Semmelweis besorgt darüber, daß ein großer Teil der Frauen, die in dieser Abteilung entbunden wurden, sich eine ernste und oft tödliche Krankheit zuzogen, die als Puerperal- oder Kindbettfieber bekannt war. 1844 starben nicht weniger als 260 von 3157 Müttern der Ersten Abteilung (8,2 Prozent) an dem Leiden; 1845 betrug die Todesrate 6,8 und 1846 waren es 11,4 Prozent. Diese Zahlen waren um so alarmierender, als in der benachbarten Zweiten Geburtshilflichen Abteilung des gleichen Krankenhauses, die fast genauso viele Frauen versorgte, die Todesrate durch Kindbettfieber in denselben Jahren viel niedriger lag: 2,3; 2,0 und 2,7 Prozent. [...]

Zunächst untersuchte er verschiedene Erklärungen, die zu jener Zeit gängig waren; einige davon wies er sofort als unvereinbar mit außer Frage stehenden Tatsachen zurück; andere unterwarf er spezifischen Tests. [...] Eine davon stellte fest, die Erste Abteilung sei so gelegen, daß der Priester, der den sterbenden Frauen die Kommunion bringe, erst fünf Stationen passieren müsse, um den dahinterliegenden Krankensaal zu erreichen: das Erscheinen des Priesters, begleitet vom Meßdiener mit einer Klingel, habe auf die Patientinnen der Stationen angeblich eine so erschreckende und entkräftende Wirkung, daß es sie zu leichteren Opfern des Kindbettfiebers mache. In der Zweiten Abteilung fehlte dieser widrige Faktor, da der Priester zum Krankenzimmer direkten Zugang hatte. Semmelweis entschloß sich, diese Vermutung zu überprüfen. Er überredete den Priester, auf einem Umweg und ohne Klingel zu kommen, um das Krankenzimmer leise und unbeobachtet zu erreichen. Die Sterblichkeit in der Ersten Abteilung sank jedoch nicht.

Ein neuer Einfall kam Semmelweis, als er beobachtete, daß in der Ersten Abteilung die Frauen auf dem Rücken liegend entbunden wurden, in der Zweiten dagegen auf der Seite liegend. Obwohl er es für unwahrscheinlich hielt, entschloß er sich, »wie ein Ertrinkender, der sich an einen Strohhalm klammert«, zu überprüfen, ob dieser Unterschied von Bedeutung war. Er führte auf der Ersten Station die laterale Stellung ein, aber wiederum blieb die Sterblichkeit unverändert.

Schließlich, zu Anfang des Jahres 1847, gab ein zufälliger Unglücksfall Semmelweis den entscheidenden Anhaltspunkt für die Lösung des Problems. Einer seiner Kollegen, Kolletschka, erhielt von dem Skalpell eines Studenten, mit dem er eine Autopsie durchführte, eine punktförmige Verletzung am Finger und starb nach einer quälenden Krankheit, in deren Verlauf er die gleichen Symptome erkennen ließ, die Semmelweis bei den Opfern des Kindbettfiebers beobachtet hatte. Obwohl die Rolle der Mikroorganismen bei solchen Infektionen zu jener Zeit noch nicht bekannt war, begriff Semmelweis, daß »Leichensubstanz«, vom Skalpell des Studenten in Kolletschkas Blutstrom geraten, die tödliche Krankheit des Kollegen verursacht hatte. Die Ähnlichkeiten im Krankheitsverlauf bei Kolletschka und bei den Frauen in seiner Klinik führten Semmelweis zu dem Schluß, daß seine Patientinnen an der gleichen Art von Blutvergiftung gestorben waren: er, seine Kollegen und die Medizinstudenten waren die Träger des infektiösen Materials, denn sie kamen gewöhnlich direkt in die Stationen, nachdem sie im Autopsie-Saal Sektionen durchgeführt hatten, und untersuchten die in Wehen liegenden Frauen, nachdem sie sich nur oberflächlich die Hände gewaschen hatten, denen auch oft noch ein charakteristischer Verwesungsgeruch anhaftete.

Wiederum testete Semmelweis seinen Einfall. Er überlegte, daß – wenn er recht hatte – das Kindbettfieber dadurch verhütet werden konnte, daß das an den Händen verbliebene infektiöse Material chemisch vernichtet wurde. Er gab deshalb allen Medizinstudenten die Anweisung, ihre Hände vor jeder Untersuchung in einer Chlorkalk-Lösung zu waschen. Die Sterblichkeit an Kindbettfieber begann prompt zu sinken; sie fiel 1848 auf 1,27 Prozent in der Ersten Abteilung, gegenüber 1,33 Prozent in der Zweiten.

Seine Idee, oder – wie wir auch sagen werden – seine Hypothese, wurde, wie Semmelweis bemerkte, auch durch die Tatsache gestützt, daß die Sterblichkeit in der Zweiten Abteilung durchweg so viel niedriger lag: dort wurden die Patientinnen von Hebammen gepflegt, deren Ausbildung keinen Anatomie-Unterricht mit Leichensektion umfaßte. [...]

Weitere klinische Experimente brachten Semmelweis bald dazu, seine Hypothese zu erweitern. Zum Beispiel untersuchten er und seine Kollegen [...] eine in Wehen liegende Frau, die an einem eitrigen Gebärmutterkrebs litt; daraufhin setzten sie ihre Untersuchungen an zwölf weiteren Frauen in diesem Raum fort, nachdem sie sich nur routinemäßig ohne erneute Desinfektion gewaschen hatten. Elf der zwölf Patientinnen starben an Puerperalfieber. Semmelweis folgerte daraus, daß Kindbettfieber nicht nur durch Leichensubstanz, sondern auch durch ›verfaulende Materie aus lebendigen Organismen‹ verursacht werden kann.

Carl Gustav Hempel: Philosophie der Naturwissenschaften. München, 2. Auflage 1977, S. 11–14.

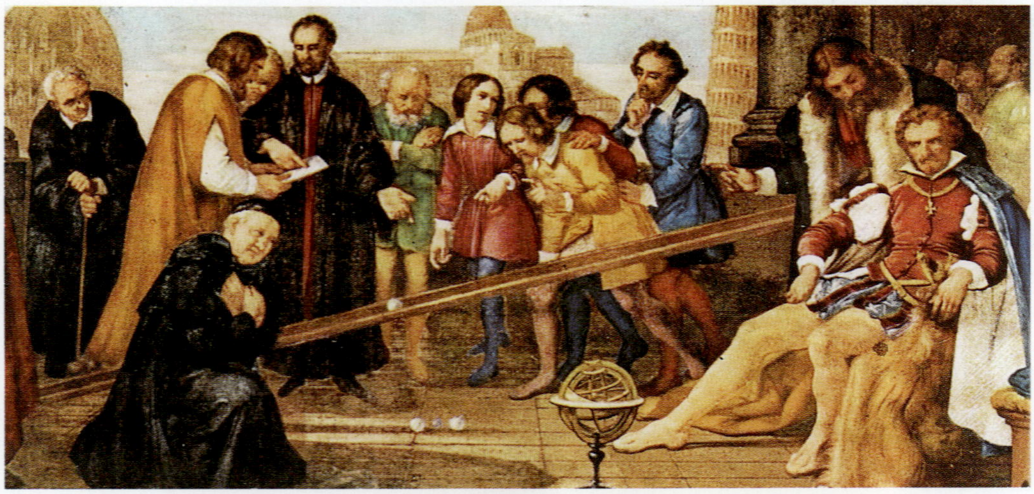

Galileis Experimente zu den Fallgesetzen an der schiefen Ebene 1590/91. Im Hintergrund der schiefe Turm von Pisa. Fresko im Zoologischen Museum von Florenz.

Francis Bacon: Die Interpretation der Natur

■ *Der englische Philosoph Francis Bacon (1561–1626), einer der »Väter« der neuzeitlichen Naturwissenschaften, forderte, daß die Erkundung der Natur systematisch, streng methodisch, eben »wissenschaftlich« vor sich gehen solle.*

Der Mensch, der Diener und Ausleger der Natur, wirkt und weiß so viel, als er von der Ordnung der Natur durch Versuche oder durch Beobachtung bemerkt hat; weiter weiß und vermag er nichts. [...]
Zwei Wege gibt es zur Untersuchung und Auffindung der Wahrheit – es kann nicht mehrere geben. – Der eine ist ein Sprung von der sinnlichen Wahrnehmung und von einzelnen zu höchst allgemeinen Grundsätzen; aus diesen höchsten Wahrheiten werden sodann die Mittelsätze aufgefunden; dieser Weg ist der jetzt gewöhnliche. Der andre leitet von der sinnlichen Wahrnehmung und vom Einzelnen ebenfalls Grundsätze her; aber er steigt dann allmählich und stufenweise höher, bis er erst ganz zuletzt zu den allgemeinsten, höchsten gelangt – das ist der wahre Weg, aber noch unbetreten. [...]
Beide Wege gehen von der sinnlichen Wahrnehmung und einzelnen Fällen aus und endigen in den höchsten abstrakten Sätzen; aber beide unterscheiden sich doch darin unendlich, daß der eine das Gebiet der Erfahrung und das Einzelne nur flüchtig durchstreicht, der andre es aber bedächtig und ordnungsgemäß durchzieht; der eine gleich von vornherein unnütze allgemeine Abstraktionen aufstellt, der andre Schritt vor Schritt zu dem aufsteigt, was aus der Natur sich ergibt. [...]
Des Vortrags wegen nennen wir gewöhnlich diejenige Methode, welche jetzt zur Naturforschung zu dienen pflegt (weil sie etwas Übereiltes und Unreifes ist), die *Antizipationen* der Natur; jene dagegen, die auf dem richtigen Wege aus den Gegenständen selbst entnommen ist, die *Interpretation* der Natur.

Franz Bacon: Neues Organ der Wissenschaften. Hg. von A. Th. Brück. Darmstadt (Wissenschaftliche Buchgesellschaft) 1981, S. 26–30.

Karl R. Popper: Wir wissen nicht, sondern wir raten

■ *Karl Raimund Popper (1902–1994), Hauptschullehrer für Mathematik, Physik und Chemie in Wien, später Professor in London, einer der führenden Wissenschaftstheoretiker und Philosophen des 20. Jahrhunderts, begründete in den dreißiger Jahren den Kritischen Rationalismus, der davon ausgeht, daß die Naturwissenschaften mit einer vernünftigen (rationalen) Methode arbeiten, zugleich aber gegen ihre eigenen Erkenntnisse stets kritisch bleiben müssen.*

Unsere Wissenschaft ist kein System von gesicherten Sätzen, auch kein System, das in stetem Fortschritt einem Zustand der Endgültigkeit zustrebt. Unsere Wissenschaft ist kein Wissen: weder Wahrheit noch Wahrscheinlichkeit kann sie erreichen. [...]
Zwar geben wir zu: Wir wissen nicht, sondern wir raten. Und unser Raten ist geleitet von dem unwissenschaftlichen, metaphysischen (biologisch erklärbaren) Glauben, daß es Gesetzmäßigkeiten gibt, die wir entschleiern, entdecken können. Mit Bacon könnten wir die »Auffassung, der sich jetzt die Naturwissenschaft bedient, Antizipationen, leichtsinnige und voreilige Annahmen« nennen.
Aber diese oft phantastisch kühnen Antizipationen der Wissenschaft werden klar und nüchtern kontrolliert durch methodische Nachprüfungen. Einmal aufgestellt, wird keine Antizipation dogmatisch festgehalten; die Forschung sucht nicht, sie zu verteidigen, sie will nicht recht behalten: mit allen Mitteln ihres logischen, ihres mathematischen und ihres technisch-experimentellen Apparats versucht sie, sie zu widerlegen – um zu neuen unbegründeten und unbegründbaren Antizipationen, zu neuen »leichtsinnigen Annahmen«, wie Bacon spottet, vorzudringen. [...] Nur die Idee, die unbegründete Antizipation, der kühne Gedanke ist es, mit dem wir, ihn immer wieder aufs Spiel setzend, die Natur einzufangen versuchen: Wer seine Gedanken der Widerlegung nicht aussetzt, der spielt nicht mit in dem Spiel Wissenschaft. Der Gedanke ist es, der auch die Prüfung durch die Erfahrung leitet: Experimentieren ist planmäßiges Handeln, beherrscht von der Theorie.

Karl R. Popper: Logik der Forschung, Wien 1935, S. 207f.

15 Naturwissenschaft und Gesellschaft

Üblicherweise geht man davon aus, daß sich der naturwissenschaftliche Fortschritt ausschließlich nach rationalen, vernünftigen, am Verstand orientierten Regeln vollziehe, daß die Grundlagenforschung objektiv und wertneutral sei, völlig losgelöst von persönlichen oder gesellschaftlichen Voraussetzungen und Interessen, einzig der »reinen« Wahrheitsfindung verpflichtet.
Diese Grundüberzeugung wird von verschiedenen Seiten in Frage gestellt, insbesondere von der durch Thomas S. Kuhn begründeten »New Philosophy of Science«, von marxistischen Denkern und von Vertreterinnen des Feminismus. Allen gemeinsam ist die Grundüberzeugung, daß sich die Entwicklung der Naturwissenschaften nur verstehen läßt, wenn der Zusammenhang mit den menschlichen und gesellschaftlichen Verhältnissen mitbedacht wird.

Maurits Cornelis Escher: Relativität, Lithographie (1953). © 1996 M.C. Escher/Cordon Art, Baarn, Holland.

Der niederländische Graphiker Maurits Cornelis Escher (1898–1972) spielte in seinen Holzschnitten und Lithographien mit den Gesetzen der Perspektive bzw. des Raumes und regt dadurch zu einer kritischen Überprüfung der menschlichen Wahrnehmungsfähigkeit an.
In seiner Lithographie »Relativität« benützt Escher die Dimensionen des Raumes, um drei unterschiedliche Menschengruppen darzustellen, die eigenständige »Gesellschaften« bilden mit unterschiedlichen Lebensbereichen, eigenen Gärten, charakteristischen Zugängen zur Wirklichkeit und einer eigenständigen Realitätswahrnehmung. Die Perspektive aller drei Gruppen ist in der Tat relativ, ebenso die der Betrachter.

Das Modewort: Paradigma

Der amerikanische Wissenschaftstheoretiker Thomas S. Kuhn stellte im Jahr 1962 in seinem Werk »Die Struktur wissenschaftlicher Revolutionen« (»The Structure of Scientific Revolutions«) die These auf, daß sich die Naturwissenschaften nicht nur nach streng logischen Kriterien weiterentwickeln, vielmehr auch »menschliche« und zwischenmenschliche Faktoren beim »Fortschritt« eine Rolle spielen. Bei seinen Untersuchungen prägte Kuhn den Begriff »Paradigma«, der seither zu einem Modewort in allen Wissenschaftsbereichen wurde. Dabei ist eine klare Definition gar nicht so einfach, verwendet doch schon Kuhn eine Vielfalt von Deutungsnuancen. In einem umgangssprachlichen weiten Sinne versteht man unter »Paradigma« ein Weltbild. Im engeren Sinne steht der Begriff für eine umfassende, in sich geschlossene naturwissenschaftliche Theorie, eine »Super-Theorie«, welche einen weiten Bereich der Wirklichkeit erklären will. Beispiele hierfür sind das ptolemäische und das kopernikanische Weltbild oder die klassische Physik (Newton) und die Relativitätstheorie (Einstein). Kuhn unterscheidet zwei Phasen der wissenschaftlichen Entwicklung. Die »normale Wissenschaft« stützt sich auf ein bestimmtes Paradigma, etwa die klassische Physik, und versucht, noch ausstehende Fragestellungen mit Hilfe des vorhandenen Erklärungsmodells zu lösen. Manche Fragestellungen aber widersetzen sich einer Lösung. Das vorhandene Paradigma wird nun möglicherweise etwas verändert, erweitert, modifiziert. Es kann jedoch auch der Fall eintreten, daß sich ein altes Paradigma als untauglich erweist, die auftauchenden Probleme noch einigermaßen sinnvoll und einleuchtend zu lösen. In diesem Fall können sich im naturwissenschaftlichen Weltbild in relativ kurzer Zeit fundamentale Veränderungen ergeben: ein altes wird durch ein neues Paradigma abgelöst, das mittelalterliche durch das kopernikanische Weltbild, die Physik Newtons durch die Relativitätstheorie Einsteins. Diese grundlegenden Umwälzungen nennt Kuhn »wissenschaftliche Revolutionen«. Nun entwickeln sich diese wissenschaftlichen Revolutionen nicht nur nach logischen Gesetzen. Vielmehr sind sie das Ergebnis einer Auseinandersetzung zwischen verschiedenen Naturwissenschaftlern. Innerhalb der »Gemeinschaft« der Wissenschaftler entsteht ein Streit um die alte und die neue Sichtweise. Ob sich das neue Paradigma durchsetzt, hängt auch von den – durchaus »menschlichen« – Urteilen, Vorurteilen und Interessen der Mehrheit derjenigen Wissenschaftler ab, die sich mit der entsprechenden Fragestellung beschäftigen. Zudem kann es sein, daß ein neues Paradigma zwar manche Probleme besser löst als das alte, andere aber nicht, so daß neben dem Gewinn ein Verlust, neben dem Fortschritt ein Rückschritt entsteht.

Thomas S. Kuhn: Die Ungeschichtlichkeit wissenschaftlicher Lehrbücher

■ *Thomas S. Kuhn, geb. 1922, war Professor für Wissenschaftsgeschichte an verschiedenen amerikanischen Universitäten.*

Charakteristischerweise enthalten wissenschaftliche Lehrbücher nur wenig Geschichtliches, und zwar entweder in einem einführenden Kapitel oder häufiger in gelegentlichen Hinweisen auf die großen Helden eines früheren Zeitalters. Durch solche Hinweise erhalten Studierende und Fachleute das Gefühl, sie nähmen Teil an einer beständigen historischen Tradition. Und doch hat die vom Lehrbuch suggerierte Tradition, an der die Wissenschaftler teilzunehmen glauben, tatsächlich niemals existiert. Aus Gründen, die sowohl offensichtlich wie auch höchst zweckgerichtet sind, beziehen sich wissenschaftliche Lehrbücher (und viel zu viele der älteren wissenschaftsgeschichtlichen Darstellungen) nur auf den Teil der Arbeit früherer Wissenschaftler, der leicht als Beitrag zur Aufstellung und Lösung der Paradigmaprobleme des Lehrbuchs angesehen werden kann. [...]
Das Ergebnis ist eine beständige Neigung, die Geschichte der Wissenschaft linear oder kumulativ erscheinen zu lassen [...].
Diese falschen Auslegungen machen die Revolution unsichtbar; die Anordnung des sichtbar bleibenden Materials in den wissenschaftlichen Lehrbüchern unterstellt einen Vorgang, der, falls es ihn tatsächlich gäbe, den Revolutionen jede Funktion absprechen würde. Da die Lehrbücher darauf abzielen, den Studierenden schnell mit dem vertraut zu machen, was die wissenschaftliche Gemeinschaft zu wissen glaubt, behandeln sie die verschiedenen Experimente, Begriffe, Gesetze und Theorien der geltenden normalen Wissenschaft so getrennt und so entwirrt wie nur möglich. Pädagogisch ist diese Technik der Darstellung unanfechtbar. Wenn sie aber mit dem im allgemeinen ungeschichtlichen Stil des wissenschaftlichen Schreibens und den gelegentlichen systematischen Mißdeutungen, von denen vorher die Rede war, verbunden wird, ergibt sich leicht folgender überwältigend starker Eindruck: Die Wissenschaft hat ihren gegenwärtigen Stand durch eine Reihe von Einzelentdeckungen und Einzelerfindungen erreicht, die zusammengenommen den modernen Bestand des positiven Wissens ausmachen. Das Lehrbuch stellt es so dar, daß sich die Wissenschaftler seit Beginn des wissenschaftlichen Unternehmens um genau die Ziele, die in den heutigen Paradigmata verkörpert werden, bemüht haben. Zug um Zug haben die Wissenschaftler in einem Prozeß, der oft mit dem Aufeinanderfügen von Ziegelsteinen bei einem Bau verglichen wird, ein neues Faktum, einen Begriff, ein Gesetz oder eine Theorie dem Bestand von Informationen, den die jeweiligen wissenschaftlichen Lehrbücher liefern, hinzugefügt.
Doch das ist nicht die Art, in der sich eine Wissenschaft entwickelt.

Thomas S. Kuhn: Die Struktur wissenschaftlicher Revolutionen. Suhrkamp Verlag, Frankfurt a. M., 2. Auflage 1976, S. 149–152.

Das Leben einer Physikerin: Lise Meitner

1912 erhielt Lise Meitner eine Anstellung bei dem Berliner Physikprofessor Max Planck und wurde damit Preußens erste Universitätsassistentin. 1878 in Wien geboren, arbeitete sie als Französischlehrerin, legte dann als »Externe« mit 23 Jahren das Abitur an einem Jungengymnasium ab, studierte Physik und Mathematik, promovierte »mit Auszeichnung«, habilitierte sich und war schließlich außerordentliche, nichtbeamtete Professorin für experimentelle Kernphysik in Berlin. Lange Jahre arbeitete sie zusammen mit Otto Hahn am Kaiser-Wilhelm-Institut auf dem Gebiet der Radioaktivität und Kernphysik. Gemeinsam gelangen ihnen viele wichtige Forschungsergebnisse, so 1918 die Entdeckung des zweitschwersten natürlichen Elementes, des sogenannten »Protaktinium« mit der Ordnungszahl 91. Lise Meitner leitete als Physikerin eine eigene Forschungsabteilung neben der von Otto Hahn geführten chemisch-radioaktiven Abteilung. 1933 entzogen die Nationalsozialisten der Jüdin Meitner Titel und Lehrbefugnis. Als Ausländerin konnte sie jedoch bis zum Anschluß Österreichs in der Forschung weiterarbeiten. 1938 floh Lise Meitner über Holland nach Schweden. So war sie Ende 1938 nicht mehr in Berlin, als Hahn bei seinen Experimenten mit Uran als Folgeprodukt Barium nachweisen konnte. Zusammen mit ihrem Neffen Otto Robert Frisch deutete Lise Meitner die Zusammenhänge als »Spaltung des Urankerns« und schätzte als erste den ungeheuren Energiebetrag, der bei der Kernspaltung frei wird. Trotz der jahrelangen Vorarbeit, die sie mit Hahn zusammen erbracht hatte und trotz des hohen Anteils, der ihr bei der Deutung der entscheidenden Versuche zur Entdeckung der Kernspaltung zukam, erhielt nur Otto Hahn 1945 – rückwirkend für 1944 – den Chemie-Nobelpreis. Lise Meitner ging leer aus und wurde in der Öffentlichkeit weit weniger beachtet als ihr prominenter Kollege. Lise Meitner hat diese Zurücksetzung sehr getroffen. Enttäuscht äußerte sie sich Otto Hahn gegenüber: »Versuche Dich in meine Lage hineinzudenken! ... Was würdest Du sagen, wenn Du auch charakterisiert würdest als der langjährige Mitarbeiter von mir?« Obwohl Lise Meitner in Schweden schwierige Jahre erlebte, weigerte sie sich, ein Angebot aus den USA zur Mitarbeit an der Weiterentwicklung von Atombomben anzunehmen. Sie setzte sich für eine »friedliche« Nutzung der Atomenergie ein. Lise Meitner starb 1968, beinahe neunzigjährig, drei Monate nach Otto Hahn.
Hinzuzufügen ist, daß seit der erstmaligen Verleihung des Nobelpreises im Jahre 1901 bis zum Jahre 1990 nur etwa 2 % aller Preise an Frauen vergeben wurden.

16 Naturwissenschaft und Gotteskritik

Daß sich die Naturwissenschaften nicht einfach auf den Gottesglauben zubewegen, zeigt der »alltägliche Atheismus« vieler, eben auch und gerade naturwissenschaftlich denkender Menschen und die ausdrückliche und begründete Kritik, die Naturwissenschaftler und Wissenschaftstheoretiker an der Religion und am Gottesglauben vorbringen. Das berühmteste Beispiel hierfür wurde die Parabel vom Gärtner.

Antony Flew: Die Parabel vom Gärtner

■ *Antony G. N. Flew (geb. 1923), emeritierter englischer Philosophieprofessor.*

Es waren einmal zwei Forscher, die stießen auf eine Lichtung im Dschungel, in der unter vielem Unkraut allerlei Blumen wuchsen. Da sagt der eine: »Ein Gärtner muß dieses Stück Land pflegen.« Der andere widerspricht: »Es gibt hier keinen Gärtner.« Sie schlagen daher ihre Zelte auf und stellen eine Wache aus. Kein Gärtner läßt sich jemals blicken. »Vielleicht ist es ein unsichtbarer Gärtner.« Darauf ziehen sie einen Stacheldrahtzaun, setzen ihn unter Strom und patroullieren mit Bluthunden. (Denn sie erinnern sich, daß die Titelfigur von H. G. Wells' Roman *Der Unsichtbare* zwar gerochen und gefühlt, aber nicht gesehen werden konnte.) Keine Schreie aber lassen je vermuten, daß ein Eindringling einen Schlag bekommen hätte. Keine Bewegung des Zauns verrät je einen unsichtbaren Kletterer. Die Bluthunde schlagen nie an. Doch der Gläubige ist immer noch nicht überzeugt: »Aber es gibt doch einen Gärtner, unsichtbar, unkörperlich und unempfindlich gegen elektrische Schläge, einen Gärtner, der nicht gewittert und nicht gehört werden kann, einen Gärtner, der heimlich kommt, um sich um seinen geliebten Garten zu kümmern.« Schließlich geht dem Skeptiker die Geduld aus: »Was bleibt eigentlich von deiner ursprünglichen Behauptung noch übrig? Wie unterscheidet sich denn das, was du einen unsichtbaren, unkörperlichen, ewig unfaßbaren Gärtner nennst, von einem imaginären Gärtner oder von überhaupt keinem Gärtner? [...]

Man kann seine Behauptung vollständig auflösen, ohne dies zu bemerken. Eine schöne, kühne Hypothese kann so schrittweise den Tod durch tausend Modifikationen erleiden.

Und darin scheint mir die besondere Gefahr, das typische Übel theologischer Äußerungen zu liegen. Äußerungen wie »Gott hat einen Plan«, »Gott schuf die Welt«, »Gott liebt uns, wie ein Vater seine Kinder liebt« sehen auf den ersten Blick ganz wie Behauptungen aus – gigantische kosmologische Behauptungen. [...]

Nichtreligiösen Menschen scheint es nun oft so, daß kein denkbares Ereignis, keine denkbare Ereignisfolge Anhänger einer modernen Form der Religiosität zu dem Eingeständnis bewegen könnte: »Es gab also doch keinen Gott« oder »Gott liebt uns also in Wirklichkeit doch nicht«. Man sagt uns, daß Gott uns liebt, wie ein Vater seine Kinder liebt, und wir sind beruhigt. Doch dann sehen wir ein Kind an nichtoperierbarem Kehlkopfkrebs sterben. Während sein irdischer Vater sich verzweifelt bemüht zu helfen, zeigt sein himmlischer Vater kein sichtbares Zeichen der Anteilnahme. Eine Modifikation wird vorgenommen – etwa daß Gottes Liebe »keine nur menschliche Liebe« oder daß sie »eine unerforschliche Liebe« sei; und wir begreifen, daß solche Leiden sich durchaus mit der Wahrheit der Behauptung »Gott liebt uns wie ein Vater (aber natürlich...)« vertragen. Wir sind wieder beruhigt. Aber dann fragen wir vielleicht: Welchen Wert hat denn diese Zusage von Gottes (angemessen modifizierter) Liebe überhaupt; wofür steht diese anscheinende Garantie nun wirklich? Was müßte eigentlich geschehen, um uns nicht nur (im moralischen Sinn und zu Unrecht) in Versuchung zu führen, sondern auch (im logischen Sinn und zu Recht) zu der Aussage zu berechtigen: »Gott liebt uns nicht« oder gar »Gott existiert nicht«? – Ich stelle Ihnen daher die einfache, aber zentrale Frage: »Was müßte geschehen oder geschehen sein, das für Sie einen Gegenbeweis gegen die Liebe oder gegen die Existenz Gottes darstellen würde?«

Nach: N. Hoerster (Hg.): Glaube und Vernunft. Texte zur Religionsphilosophie, Gütersloher Verlagshaus 1985.

Hieronymus Bosch (1453–1516): Der Garten der Lüste (Triptychon), Geschlossene Außenflügel (Text: Ipse dixit et facta sunt – Er sprach, und es geschah). Foto: Archiv für Kunst und Geschichte, Berlin.
Wenn man die Flügel des Triptychons (dreiteiliges Bild) öffnet, findet man auf der linken Innenseite ein Bild »Das Paradies«, von dem der Ausschnitt auf S. 50 stammt. Im selben Werk finden sich unterschiedliche Gottesvorstellungen.

Gerd Theißen: Das Dschungelbild der Wirklichkeit

■ *Gerd Theißen (geb. 1943) ist Professor für Neues Testament in Heidelberg. Der folgende Text ist ein Abschnitt einer Predigt aus einem Universitätsgottesdienst.*

Die Parabel [vom Gärtner] veranschaulicht besser als viele abstrakte Worte das Verhältnis von Glauben und Wissenschaft – und das heißt: die Situation des Glaubenden in der Wissenschaft und in der Universität. Lassen Sie mich zu dieser schönen Parabel in drei Punkten Stellung nehmen.
Erstens: Beide, Gläubiger und Skeptiker, sind unwiderlegbar. Sie befinden sich jedoch in einem Punkt sicher im Irrtum. Sie meinen, darüber zu diskutieren, ob man die Wirklichkeit religiös oder unreligiös auslegen kann. Aber sie sind beide ungläubig. Da stoßen sie mitten im Dschungel auf eine überraschende und unwahrscheinliche Ordnung – und wie reagieren sie? Sie debattieren und experimentieren. Was würde ein Glaubender tun? Würde er nicht über diese wunderbare Ordnung staunen und sie als einen Auftrag vernehmen, sie zu erhalten – damit der Dschungel des Lebens ihn nicht überwuchert? Würde er nicht als erstes verspüren: Dieser Garten muß erhalten werden? Er ist gefährdet. Und es ist unsere großartige Aufgabe, ihn zu erhalten und weiterzuentwickeln. Kurz: Dieser Garten erscheint dem Glaubenden wie ein Auftrag, den er sich nicht selbst gestellt hat, den er gefunden hat – oder der ihn gefunden hat. Aber nicht nur das.
Dazu kommt nun eine zweite Reaktion: Der Garten ist ihm nicht nur eine Aufgabe, er ist zunächst einmal eine Gabe, ein Geschenk. Die spontane Reaktion des Glaubenden wird sein: Wir müssen feiern, daß wir diesen Garten gefunden haben. Daran kann man nicht einfach vorbeigehen. Bei so einem Fund muß man Lob und Dank aussprechen. Und damit hätte er einen Kult gestiftet, einen Gottesdienst. Neben, ja noch vor die ethische Antwort auf die Existenz des Gartens tritt eine liturgische, rituelle oder kultische.
Schließlich und drittens würde unser Glaubender poetisch werden. Er würde eine Geschichte erfinden und erzählen: von einem Gärtner, der den Garten einmal gebaut und den Menschen da hineingesetzt hat – mit der Aufgabe, ihn zu verwalten. Es soll gar nicht bestritten werden, daß in dieser Geschichte viel Phantasie steckt. Sie ist Poesie. Hier würde unser Skeptiker wahrscheinlich einhaken und sagen: Wozu diese Poesie? Besteht nicht Wissenschaft gerade darin, daß sie den Garten entzaubert und solche Erzählungen aussterben läßt? Wohl kaum. Die Parabel vom Gärtner ist selbst eine Dichtung – und sie zeigt, welch hohen Erkenntniswert Dichtung hat. Ja, sie gibt mehr zu erkennen, als der Autor beabsichtigte. Und darauf sollten wir noch ein wenig achten.
Schauen wir uns diese Geschichte eines Skeptikers doch einmal an: Die Wissenschaft begegnet hier in einer Weise, die sie nicht gerade sympathisch macht: Sie baut Stacheldrähte, hetzt Bluthunde und stellt Elektrofallen auf. Daß sich Gott solchen Methoden entzieht – spricht das gegen ihn oder gegen diese Methoden?
Und weiter: Diese beiden Forschungsreisenden treten auf wie Kolonisatoren. Wie Eroberer, die von außen in einen unberührten Kontinent dringen, in dem sie nicht zu Hause sind – wie arrogante Europäer zur Zeit des Imperialismus –, wobei auch damals immer ein Gläubiger dabei war, ein Missionar.
Und schließlich kann ich die Bemerkung nicht unterdrükken: Auch in dieser modernen Parabel von der Wissenschaft sind die Männer unter sich.
Was unbewußt in diese Parabel eingegangen ist, das ist eine Sicht des Verhältnisses von Mensch und Wirklichkeit, die sehr einseitig ist, und die sich im Leben doch immer wieder aufdrängt.
Ich nenne es das Dschungelbild der Wirklichkeit.

Gerd Theißen: Die offene Tür. Biblische Variationen zu Predigttexten, München 1990, S. 142f.

Bild linke Seite:
Hieronymus Bosch (1453–1516): »Das Paradies«, ein Teil des Triptychons »Der Garten der Lüste« (Ausschnitt). Prado, Madrid.

F Was ist Theologie?

Im Mittelalter galt die Theologie als die Königin der Wissenschaften. Das ist lange her. Doch heute noch stehen an vielen Universitäten die evangelischen und katholischen Fakultäten an der Spitze der Disziplinen, obwohl sich die realen Verhältnisse längst geändert haben. Im angelsächsischen Raum ist »science« zu einem Synonym für die Naturwissenschaften geworden. Und das Wort »glauben« verwenden wir oft zur Umschreibung von »nicht sicher wissen«.
Ist also der Glaube etwas für unwissenschaftlich denkende, einfältige Menschen? Kann man die Theologie überhaupt zu den Wissenschaften rechnen, arbeitet sie mit einer exakten, wissenschaftlichen Methode? Macht es Sinn, daß man sich im mündlichen oder gar im schriftlichen Abitur in Religionslehre prüfen läßt und später vielleicht sogar Theologie an einer Universität studiert? Kann man die Bibel heute noch verstehen, hat sie einem aufgeklärten Menschen etwas zu sagen? Ist ein Text wie die biblische Schöpfungsgeschichte überholt oder kann auch ein modern denkender Mensch vom Schöpfergott reden?

17 Glauben

Fritjof Capra, David Steindl-Rast: Es gibt auch in der Naturwissenschaft so etwas wie Glaube

■ *In einem Gespräch von 1991 nahmen der Benediktinerpater David Steindl-Rast (geb. 1926) und der Physiker Fritjof Capra (geb. 1931) zum »Glauben« in Religion und Wissenschaft Stellung.*

Capra: Ich selbst und wahrscheinlich die meisten von uns wuchsen damit auf, daß wir lernen mußten, die Lehre komme in einer Reihe von Dogmen zum Ausdruck, und der Glaube bestehe darin, diese Dogmen für absolut wahr zu halten.
Steindl-Rast: Man kann das Wort Glaube sehr verschiedenartig verwenden, sogar in der Theologie. In einem Fall kann es Doktrin oder Lehre bedeuten, den »Niederschlag des Glaubens«, worauf die religiöse Überzeugung ausgerichtet ist. Das ist keineswegs der primäre oder wichtigste Aspekt des Glaubens. [...] Glaube, würde ich sagen, ist eine Angelegenheit des Vertrauens.
Capra: Interessanterweise gibt es das auch in der Naturwissenschaft. Bekanntlich ist jeder Sprung in etwas Neues, jede Entdeckung, ein intuitiver Sprung. Es gibt jedoch Naturwissenschaftler, die intuitiver sind als andere. Und die besonders intuitiven besitzen diese Art von Glauben. Es ist sehr typisch für sie, daß sie irgendwie innerlich spüren, daß sie auf dem richtigen Wege sind und sie dieser Intuition trauen können. So berichtete zum Beispiel Heisenberg, in den 1920er Jahren hätten die Leute sich langsam »in den Geist« der Quantenmechanik hineingefühlt, ehe sie in der Lage waren, sie zu formulieren. Das war im höchsten Grade intuitiv.
Steindl-Rast: Diese Art von Vertrauen hat doch wohl etwas mit Erkenntnis oder Wissen zu tun. Man spürt intuitiv, hat so eine Ahnung, daß die Erkenntnis sich einstellen wird. Im Gegensatz dazu ist das Vertrauen des Glaubens im religiösen Sinne ein existentielles Vertrauen, dem man sein ganzes Leben anvertrauen kann.

Fritjof Capra/David Steindl-Rast: Wendezeit im Christentum. Perspektiven für eine aufgeklärte Theologie. Bern/München 1991, S. 42f. (gekürzt).

Rudolf Bultmann: Glaube als Kraft

■ *Rudolf Bultmann (1884–1976) lehrte Neues Testament in Marburg.*

[Der] intellektualistische Glaubensbegriff, wonach der Gottesglaube ein Stück Weltanschauung ist, eine allgemeine theoretische Überzeugung von der Existenz Gottes, ist entstanden in der Missionspraxis, wo es galt, gegenüber dem Polytheismus den Glauben an *einen* Gott zu verkünden. Die Heiden gelten als die, die Gott nicht »kennen« (Galater 4,8; I. Thessalonicher 4,5); und so erscheint der »Glaube« als das richtige Wissen über Gott. In einer christlichen Schrift des zweiten Jahrhunderts, dem sog. Hirten des Hermas, wird als erstes Gebot vorgetragen: *Zuerst vor allem glaube, daß Gott einer ist, der alles schuf und gestaltete, der das All aus dem Nichtsein ins Dasein rief, der selbst unbegreiflich alles in sich begreift.* In diesem Sinne also, nach dem der Gottesglaube ein Stück Weltanschauung ist, im Gegensatz zu einer andern Weltanschauung steht, im Gegensatz auch zum Zweifel an Gottes Existenz, redet Jesus nicht vom Glauben. Sondern der Glaube ist für ihn die Kraft, in bestimmten Augenblicken des Lebens Ernst zu machen mit der Überzeugung von der Allmacht Gottes, ist die Gewißheit, daß man in solchen bestimmten Augenblicken wirklich Gottes Handeln erfahren wird, ist die Überzeugung, daß der ferne Gott wirklich der nahe ist, wenn der Mensch nur seine gewöhnliche Haltung verlassen will und wirklich bereit ist, den nahen Gott zu schauen. Man kann also im Sinne Jesu nur glauben, wenn man gehorsam ist, und so ist auch jeder leichtsinnige Mißbrauch des Gottesglaubens ausgeschlossen.

Rudolf Bultmann: Jesus (1926). München, Hamburg 1964, S. 130.

Max Beckmann (1884–1950): Auferstehung (1916–1918, unvollendet). Staatsgalerie Stuttgart. © VG Bild-Kunst, Bonn 1995.

Ich glaube an Gott, den Vater, den Allmächtigen, Schöpfer des Himmels und der Erde

Das bedeutet:
Ich staune über diese Welt.
Ich danke Gott für mein Leben.
Ich möchte glücklich sein
und glücklich machen mit allen Kräften.
Ich möchte alle Geschöpfe lieben,
die mir anvertraut sind, und sie schützen.
Ich kann und weiß mehr als sie,
aber sie sind nicht weniger als ich.

Ich staune über die Gedanken Gottes,
die so viel tiefer sind als die meinen,
über seinen Geist,
der so viel höher ist als meine Vernunft.
Ich bin überzeugt, daß ich von seiner Welt
nur das Geringe wahrnehme,
das meinem Geist entspricht,
und mir mehr verborgen ist,
als ich je sehen und begreifen werde.

Ich sehe keinen Widerspruch
zwischen meinem Wissen und meinem Glauben.
Daß es elektronische Rechner gibt,
was beweist das
gegen die Auferstehung vom Tode?
Ist ein Maulwurfshaufen ein Argument
gegen den Himalaja?
Je größer die Kunst ist,
die wir Menschen beherrschen,
desto größer wird mir Gott,
dessen Gedanken wir denken,
und ich bitte Gott,
mir Weisheit und Sorgfalt zu geben,
daß ich immer mehr von seiner Welt verstehe.

Ich glaube an den Schöpfer der Welt,
der Erde und des Himmels.
Der Welt, die ich sehe,
und der viel größeren,
von der ich nicht den Schatten
einer Ahnung habe.

Das ist wahr.

Aus: Jörg Zink, Die Welt hat noch eine Zukunft, Kreuz Verlag, Stuttgart, 7. Aufl. 1984, S. 9.

Der Theologe Jörg Zink (geb. 1922) engagierte sich in der Friedens- und Ökobewegung und lebt heute als freier Schriftsteller und Publizist in Stuttgart.

18 Verstehen

Die Bibel verstehen

■ *Die Kirchen erklärten das Jahr 1992 zum »Jahr der Bibel«. Aus diesem Anlaß erarbeitete der Theologische Ausschuß einer Arbeitsgemeinschaft der evangelischen Kirchen in Deutschland (nach der Akademie Arnoldshain im Taunus »Arnoldshainer Konferenz« genannt) eine Erklärung zu den verschiedenen Möglichkeiten, die Bibel zu verstehen und auszulegen.*

Die Bemühung, die Bibel zu verstehen, ist ein komplizierter und langwieriger Prozeß [...]. Schon die Alltagskommunikation zeigt, wie schwierig und zeitaufwendig es sein kann, bis Menschen einander verstehen. Verstehensprozesse sind höchst störungsanfällig. Bei den biblischen Textzeugnissen kommt noch eine Erschwernis hinzu, die darin besteht, daß Menschen zu uns sprechen, die in den Texten verborgen sind und uns nicht mehr als lebende Personen gegenüberstehen. Die Verfasser können also nicht mehr daraufhin befragt werden, was sie denn meinten mit dem, was sie geschrieben haben. Außerdem stammten sie aus einem anderen und noch dazu weit zurückliegenden Kulturkreis; sie schrieben für Menschen ihrer Zeit. Um zu verstehen, braucht es hier daher viel Vorsicht und Behutsamkeit. Sonst kommt es zu einem bloßen Selbstgespräch des Auslegers, wo immer nur verstanden wird, was der Auslegende selbst ohnehin schon denkt.
Wo verstanden werden soll und will, geht es aber auch um ein »Was«, um bestimmte Inhalte. Diese Inhalte können auf verschiedenen Ebenen liegen. Zu unterscheiden wären zunächst Tatsacheninhalte und Sinninhalte. Wenn es etwa heißt: »Im Fernsehen werden täglich um 20 Uhr die Nachrichten gesendet«, oder: »Bei Lübbenau im Spreewald nisten Störche«, dann handelt es sich um Tatsacheninhalte. Solche Inhalte beziehen sich auf das empirisch Beobachtbare, denn wer es nicht glaubt, kann sich durch den Augenschein vergewissern. Das gleiche gilt für historische Tatsachen, sofern eine ausreichende Quellenlage die Vergewisserung zuläßt.
Anders liegen die Dinge, wenn z. B. jemand sagt: »Es ist nicht gut, daß Kinder die Nachrichten im Fernsehen anschauen wegen der darin vorkommenden Brutalität«, oder: »Es ist gut, mit den Kindern die nistenden Störche bei Lübbenau zu besichtigen, um zur Naturverbundenheit zu erziehen.« In solcher Art Aussagen geht es nicht um Tatsachen, sondern um pädagogisch-ethische Sinnaussagen, um ein Ethos, das sich dem objektiven Beweis entzieht. Die Verständigung über Sinnaussagen ist daher eine andere als die über Faktenaussagen, denn ob der ausgesprochene Sinn wirklich sinnvoll ist, kann und muß erst noch diskutiert werden. Sinn läßt sich behaupten, bezeugen, auch mit Erfahrungen belegen oder – mit Autorität – einfach durchsetzen.
Alle Aussagen, die sich auf Glauben beziehen, sind gewissermaßen Sinnaussagen. Wenn jemand sagt: »Ich glaube, daß Gott mein Schöpfer ist und daß mein Leben in Gottes Händen liegt«, dann läßt sich diese Aussage nicht durch Beobachtung von Tatsachen beweisen, denn sie kann auch mitten im Leiden eines Menschen ihre Gültigkeit haben. Sinnaussagen wollen aber noch mehr als nur wahrgenommen werden, sie suchen das Einverstandensein von seiten der Hörenden und Verstehenden, damit das Verstandene lebensbedeutsam und praktisch werde.

Das Buch Gottes. Elf Zugänge zur Bibel. Ein Votum des Theologischen Ausschusses der Arnoldshainer Konferenz. Neukirchen-Vluyn 1992, S. 16–18.

© Hänssler-Verlag, Neuhausen-Stuttgart.

Hermeneutik

Das griechische Wort »hermeneuein« bedeutet: auslegen, erklären, interpretieren. Der Götterbote Hermes hatte in der griechischen Mythologie die Aufgabe, den Menschen den Willen der Götter zu überbringen und verständlich zu machen. In weiterem Sinne bezeichnet Hermeneutik die Lehre und Kunst, wie Menschen sich verstehen können. Der Philosoph Wilhelm Dilthey (1833–1911) schreibt: »Dies Verstehen reicht von dem Auffassen kindlichen Lallens bis zu dem des Hamlet oder der Vernunftkritik. Aus Steinen, Marmor, musikalisch geformten Tönen, aus Gebärden, Worten und Schrift, aus Handlungen, wirtschaftlichen Ordnungen und Verfassungen spricht derselbe menschliche Geist zu uns und bedarf der Auslegung.« In engerem Sinne meint Hermeneutik die Lehre der Interpretation und des Verstehens von Texten. Das Verstehen zwischen zwei Menschen ist ein komplizierter Prozeß. Um einen anderen Menschen verstehen zu können, muß man sich in ihn hineinversetzen. Dies gelingt jedoch nur versuchs- und ansatzweise. Noch schwieriger ist das Verstehen zwischen Menschen, die ganz unterschiedlichen Kulturen oder Zeiten angehören, da der Horizont ihrer Lebensverhältnisse, ihrer Erfahrungen und ihrer Denkweise sehr unterschiedlich ist. Leben wir heute in einer von Industrie, Naturwissenschaft und Kapitalismus geprägten Welt, so gehörten die Menschen der Bibel einer Agrargesellschaft an.
Um Texte einer vergangenen Zeit zu verstehen, muß ich ein Vorverständnis mitbringen, die entsprechende Sprache kennen, den Text in einen Zusammenhang einordnen können, ich muß eine, wenn auch unklare, Vorstellung über die damaligen Verhältnisse haben (Vorstadium 0). Bei der Beschäftigung mit dem Text findet eine Horizontverschmelzung zwischen meinem Verstehenshorizont und dem Bedeutungshorizont des Textes statt (1. Stadium). Damit die Begegnung mit dem Text zu einer wirklichen Erfahrung wird und mein Vorverständnis nicht zum Vorurteil erstarrt, muß ich bereit sein, falsche Vorstellungen durch den Text hinterfragen zu lassen und neue Gedanken aufzunehmen. Das Vorverständnis verändert sich also in zweifacher Weise, es wird korrigiert und erweitert (2. Stadium). Lege ich den Text beiseite, ist mein Vorverständnis gereift. Ich bin einem tieferen Verstehen ein Stück nähergekommen (3. Stadium). Man spricht vom hermeneutischen Zirkel zwischen Vorverständnis, Begegnung und besserem Verständnis.
Eine einmalige Begegnung reicht bei weitem nicht aus, um eine andere Person oder Zeugnisse aus einer anderen Zeit letztlich zu begreifen. Die Begegnungen müssen sich wiederholen. Mein verbessertes Verständnis wird zu einem neuen, gegenüber der ursprünglichen Situation allerdings schon gereiften Vorverständnis für die nächste Begegnung, welche im Idealfall ein wiederum verbessertes Verständnis ermöglicht. Der Vorgang kann im Prinzip unendlich oft wiederholt werden, begrenzt nur durch die menschliche Auffassungsfähigkeit und die Endlichkeit des menschlichen Lebens. Das Verstehen ist ein offener, nie endender Prozeß.
Ein ähnlicher hermeneutischer Zirkel läßt sich auch beim Verstehen eines Textganzen feststellen. Ein einzelner Satz, ein Teil eines Textes, läßt sich nur aus dem Zusammenhang, aus dem Kontext heraus, richtig begreifen. Umgekehrt kann man den Sinn des Textganzen nur erschließen, wenn die Einzelaussagen verstanden werden. Ähnlich verhält sich das Verständnis eines historischen Textes zum Verstehen der gesamten Epoche, in der er entstand. Jedes tiefere Erfassen eines Textes setzt eine Vorstellung über die Entstehungszeit voraus, wie man umgekehrt eine Epoche durch die überlieferten Texte kennenlernt.

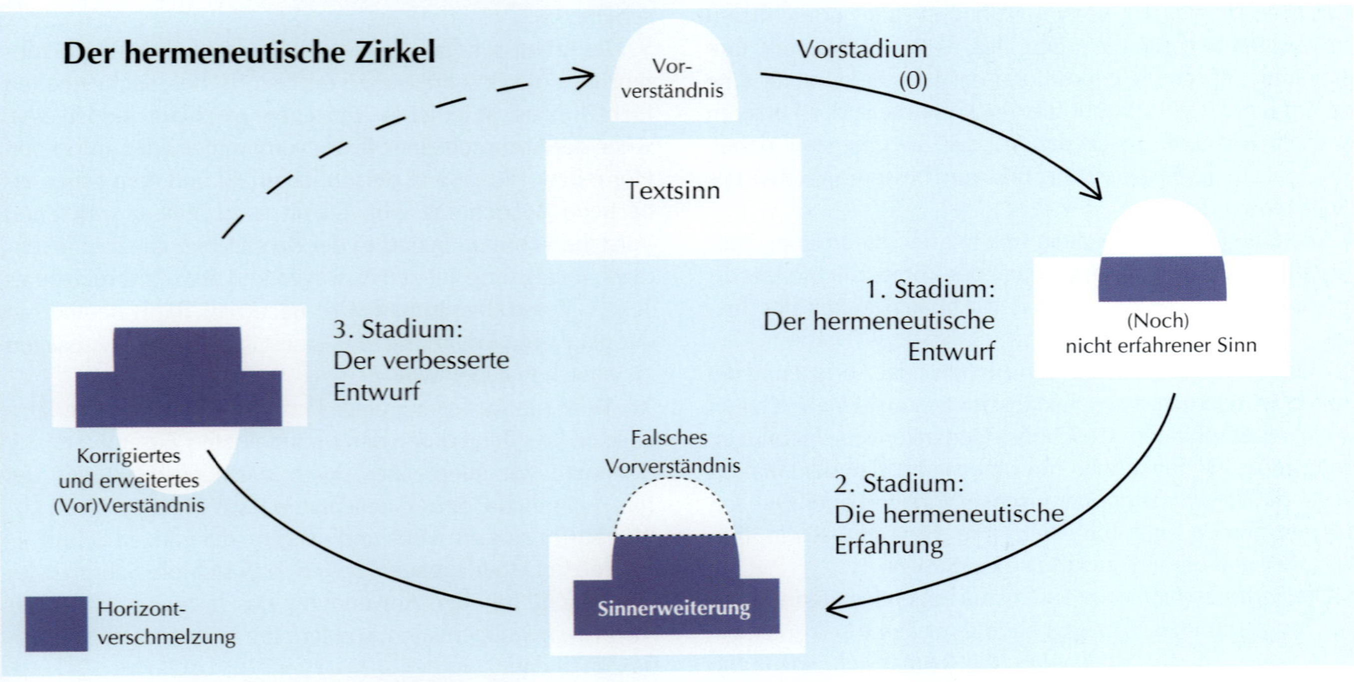

19 Die Bibel auslegen

Historisch-kritische Bibelauslegung

1. Die Erfahrungen mit Gott als Grund und Ziel des menschlichen Lebens entstehen in bestimmten gesellschaftlichen Zusammenhängen und werden von bestimmten Menschen mit einer eigenen, besonderen Lebensgeschichte gemacht. Ihre Erzählungen von den Erfahrungen mit Gott sind deshalb geprägt von einem uns fremden, der Vergangenheit angehörenden Lebenszusammenhang. Um sie recht zu verstehen, bedürfen sie deshalb der Auslegung oder der »Exegese«. Diese hat die Aufgabe, die überlieferten Aussagen, insbesondere die der biblischen Schriften, so nachzusprechen, daß heutige Menschen sie verstehen können.

2. Die Exegese bedient sich dabei verschiedener wissenschaftlicher Vorgehensweisen, deren sachgemäße Anwendung es erlauben soll, sich in die überlieferten Aussagen bzw. Texte »hineinzuarbeiten«. Diese Vorgehensweisen werden zusammenfassend als »*historisch-kritische Methode*« bezeichnet. Ihre Arbeitsgebiete sind: Textkritik, Literarkritik, Formgeschichte, Traditionsgeschichte, Religionsgeschichte und Redaktionsgeschichte.
Diese einzelnen Methoden sind seit der Reformation und der Aufklärung entstanden. Sie bauen aufeinander auf, dürfen aber nicht voneinander isoliert werden. Je nach Aussage und Fragestellung wird die eine oder andere Einzelmethode besonders fruchtbar werden.

3. Die Exegese beginnt in der Regel mit der *Textkritik*. Sie setzt die Beherrschung der ursprünglichen Sprache voraus. Die Textkritik fragt nach dem ursprünglichen Wortlaut eines Textes. Da der »Urtext« oft nicht mehr vorhanden ist, sucht dieser Arbeitsschritt die älteste erreichbare Textgestalt zu rekonstruieren. Dazu werden zunächst alle erreichbaren Textvarianten gesammelt und ihre Unterschiede auf ihre mögliche Entstehung geprüft. Bei der Entscheidung für eine bestimmte Textgestalt gibt die Textkritik meist der kürzeren und schwierigeren Lesart den Vorzug. Sie unterstellt dabei, daß Texte in der Regel ergänzt und zum besseren Verständnis geglättet worden sind.

4. Die *Literarkritik* beschäftigt sich mit der literarischen Endgestalt eines Textes und fragt nach der Vorgeschichte, den literarischen Beziehungen und den Abhängigkeiten des Textes.
In diesem Arbeitsschritt werden zunächst der Aufbau und die innere Gliederung eines Textabschnittes auf Unebenheiten wie Wiederholungen, Einschübe, Gedankenverschiebungen und direkte Widersprüche hin untersucht. Ziel der Analyse ist es, die verarbeiteten literarischen Vorlagen oder Quellen herauszufinden und ihr Alter, ihre Herkunft sowie ihre Verfasser und deren Eigenart zu bestimmen.

5. Die *Formgeschichte* untersucht die tragenden Elemente eines Textabschnittes und fragt nach ihrer literarisch-sprachlichen Form, um den Redeanlaß, die Redeabsicht sowie die gesellschaftliche Situation des Redenden (sog. Sitz im Leben) zu bestimmen. Dieser Arbeitsschritt geht davon aus, daß zu bestimmten Lebenssituationen und -vorgängen feste sprachliche bzw. literarische Formen (Gattungen) gehören. Die Formgeschichte beschäftigt sich zunächst mit dem formalen Aufbau eines Textabschnittes und sucht in der Stilanalyse die syntaktische Form, die gebrauchten Wortklassen, die rhetorischen Figuren u. ä. herauszufinden. Die Stilanalyse führt zu der Gattungsbestimmung. Diese erlaubt es, die kommunikative Absicht des Sprechers bzw. Schreibers zu erfassen und den Sitz im Leben zu bestimmen.

6. Die *Traditionsgeschichte* ergänzt die Formgeschichte und beschäftigt sich mit der vorliterarischen Stoffgeschichte samt den dazugehörigen Überlieferungskreisen und -orten. Dieser Arbeitsschritt gibt deshalb einen Einblick in die Erzähl- und Glaubensgeschichte.

7. Die Sprache und die Vorstellungswelt einer Gemeinschaft oder eines Volkes ist in der Regel verknüpft mit der Sprache und der Vorstellungswelt seiner Umwelt. Die biblischen Begriffe und Aussagen werden daher oft erst verständlich, wenn man sie in ihrem Zusammenhang und ihrer Beziehung zu den zeitgenössischen Religionen sieht. Die *Religionsgeschichte* beschäftigt sich deshalb mit dem religionsgeschichtlichen Hintergrund der Aussage eines Textes.

8. Während die Literarkritik sich mit der »Quellenscheidung« beschäftigt, befaßt sich die *Redaktionsgeschichte* mit der »Quellenfügung«. Dieser Arbeitsschritt geht aus von der literarischen Endgestalt eines Textes und fragt nach der theologischen Konzeption des Redaktors, die bei der Zusammenstellung der vorgegebenen Quellen leitend war.
Ausgangspunkte für die redaktionsgeschichtliche Arbeit sind die Elemente und Aspekte eines Textes, die auf die Arbeit des Endredaktors (z. B. eines Evangelisten) verweisen. Dazu gehören die Anordnung und die Gliederung der Einzelstoffe, die Ein- und Ausleitungsstücke sowie die Kürzungen und Einschübe.

9. Die Arbeitsschritte der historisch-kritischen Methode führen über die Beschreibung von historischen Sachverhalten nicht hinaus. Wirkliches Verstehen geschieht jedoch erst, wenn der Anspruch eines Textes vernommen wird und er den Hörer bzw. die Leserin persönlich erfaßt und dem Leben eine neue Ausrichtung gibt. Damit es zu einem wirklichen Verstehen kommt, bedarf es der Bereitschaft zu einer lebendigen Begegnung mit den Aussagen und dem Anspruch eines Textes. Diese Bereitschaft wird nach Karl Barth deutlich in der gläubigen Erwartung, daß sich Gott in diesen Aussagen zu verstehen geben will.

10. Wird die Auslegung eines Einzeltextes strittig, so erfährt er seine Erhellung durch den unmittelbaren Zusammenhang (Kontext), vor allem aber durch das *Gesamtzeugnis der Bibel*, nämlich Gottes Gnadentat in Jesus Christus. Nach Luther ist Christus die Mitte und der Sinn der ganzen Schrift.
Die letzten Überlegungen zeigen, daß sich die Schriftauslegung nicht mit der Anwendung der historisch-kritischen Methode begnügen kann, sondern der hermeneutischen Reflexion bedarf.

Zwölf Zugänge zur Bibel

Zusätzlich zur *historisch-kritischen* gibt es noch andere Methoden der *Bibelauslegung*, welche in der letzten Zeit zunehmend an Bedeutung gewonnen haben.

■ Die *tiefenpsychologische Bibelauslegung* achtet beim Lesen von biblischen Geschichten auf grundlegende seelische Vorgänge und Bilder, wie sie auch heute noch in ähnlicher Weise existieren. Schon Sigmund Freud, der Begründer der Psychoanalyse, verstand die biblische Erzählung vom Paradiesgarten, in dem der Mensch »rundum« versorgt war, als Bild für die Zeit der frühen Kindheit, in der die Bedürfnisse des Kindes durch die Eltern gestillt werden.

■ Im *Bibliodrama* sollen biblische Geschichten durch Rollenspiele, kleine »Inszenierungen«, mit allen Sinnen unmittelbar erlebbar werden. So läßt sich etwa die Geschichte vom Sündenfall von verschiedenen Akteuren (Gott, Adam, Eva, Paradiesbaum, Schlange, Engel) spielen. Nach dem Spiel sprechen die Personen über den Bibeltext sowie über ihre persönlichen Gefühle, Erfahrungen und Erinnerungen.

■ Die *sozialgeschichtliche Bibelauslegung* interessiert sich besonders für die wirtschaftlichen, gesellschaftlichen und sozialen Verhältnisse, die in biblischen Texten zur Sprache kommen, und für die Bedeutung der biblischen Aussagen für die gegenwärtige Gesellschaft. Im Zusammenhang der Schöpfungsthematik wird etwa das biblische Sabbatgebot bedeutsam, das im Arbeitsalltag einen Freiraum eröffnet und der Ausbeutung Grenzen setzt. Oder das Interesse gilt dem alttestamentlichen Erlaßjahr, in dem aufgehäufter Grundbesitz nach 49 Jahren wieder an die ursprünglichen Besitzer zurückfällt.

■ Die *feministische Bibelauslegung* macht einerseits bewußt, daß die Bibel im Kontext einer patriarchalischen Gesellschaftsstruktur entstanden ist und damit der Abwertung und Unterdrückung von Frauen Vorschub leistet; andererseits entdeckt sie in biblischen Texten aber auch Ansätze zur Stärkung und Befreiung der Frau. So wird etwa in der jahwistischen Schöpfungserzählung die Frau erst nachträglich aus einer Rippe des Mannes erschaffen, während die priesterschriftliche von einer gleichzeitigen und gleichwertigen Schöpfung beider Geschlechter ausgeht.

■ Die *ökologische Bibelauslegung* fragt nach dem Naturverständnis und -verhältnis, das in den biblischen Texten zum Ausdruck kommt (z.B. »Lebensräume« in Gen. 1).

■ Die *Bibelauslegung im jüdisch-christlichen Dialo*g versucht, die antijudaistischen Tendenzen der christlichen Tradition aufzudecken und aufzuarbeiten und die jüdischen Auslegungsformen ernst zu nehmen. So weist etwa eine rabbinische Interpretation darauf hin, daß die Bibel nur deshalb mit dem zweiten (Bet) und nicht mit dem ersten Buchstaben des hebräischen Alphabets (Aleph) beginne (Bereschit – Am Anfang), weil der erste und damit wichtigste Buchstabe der Einführung der Zehn Gebote vorbehalten sei (Anochi – Ich Bin Der Ewige, Dein Gott).

■ Die *narrative Bibelauslegung* achtet im besonderen auf die vielen erzählenden Abschnitte der Bibel. Ähnlich wie in den Schöpfungstexten der Bibel können auch heute Menschen

Der Evangelist Johannes. Aus: Lorscher Evangeliar aus der Hofschule Karls des Großen, Aachen, um 810.

eigene Schöpfungserfahrungen wie Geburt, Frühling oder Genesung in Erzählungen weitergeben.

■ *Bibelauslegung durch Musik* hat eine lange Tradition und versucht, Aussagen der Bibel mit musikalischen Mitteln auszudrücken. Ein klassisches Beispiel hierfür ist »Die Schöpfung« von Joseph Haydn.

■ *Bibelauslegung durch bildende Kunst* ist so alt wie die Schriftauslegung selbst. Sie hat vor allem die Bedeutung, Menschen, die nicht lesen können, die biblischen Geschichten nahezubringen.

■ *Bibelauslegung durch Film* begann in jüngerer Zeit, eine wichtige Rolle zu spielen.

■ Die *fundamentalistische Bibelauslegung* geht davon aus, daß der Text der Bibel Wort für Wort unmittelbar von Gott inspiriert wurde. Bibeltexte sind deshalb wörtlich zu verstehen. Sie erscheinen widerspruchsfrei und lassen sich auf wenige, einfache Grundaussagen, auf »Fundamente«, reduzieren. Nach dieser Auffassung besteht zwischen der priesterschriftlichen und der jahwistischen Schöpfungsgeschichte keine Spannung. Die Erschaffung der Frau geschah aus der Rippe des Mannes, die Schöpfung erfolgte in sechs Tagen oder in sechs kurzen Zeiträumen. Eine neue Variante der fundamentalistischen Bibelauslegung will die Vereinbarkeit von biblischer und naturwissenschaftlicher Weltsicht beweisen und bringt etwa die Erschaffung aus der Rippe mit der Methode des Klonens, der technischen Herstellung von Zwillingsorganismen, in Zusammenhang (*Kreationistische Bibelauslegung*).

20 Gott denken, von Gott reden

Heinz Zahrnt: Gefühl und Verstand – oder: Mein Glaube gibt mir zu denken

■ *Heinz Zahrnt, geb. 1915, beschreibt in seiner theologischen Autobiographie, wie sich die Theologie in der zweiten Hälfte des 20. Jahrhunderts den drängenden Aufgaben und Problemen der Gegenwart zuzuwenden begann, dem heutigen Leben in der von Naturwissenschaft, Technik und Kapitalismus beherrschten Welt. Zahrnt nennt dies die »kopernikanische Wende in der Theologie«.*

Die kopernikanische Wende in der Theologie hat Konsequenzen auch für ihr Selbstverständnis als Wissenschaft, bis in die Praxis des Lehrens und Lernens hinein.
Wenn die Bibel ein Buch voll menschlicher Erinnerungen an Gott ist, die Offenbarung Gottes daher Aufklärung der Welt durch den Glauben bedeutet, wenn Gottes- und Welterfahrung sich mithin gegenseitig entschlüsseln und es außerhalb der Welt kein Heil gibt [...]: Dann kann die Theologie Gott und die Welt nur immer zugleich, sozusagen in einem und demselben Augenblick erkennen und muß daher ständig zwischen der biblischen Offenbarung und der zeitgenössischen Situation hin und her schwingen. Daraus ergibt sich für alle Theologie gleichzeitig die Konzentration auf den Glauben an Gott und ihre Ausweitung in die Welt hinein – beides stets »ad hominem«, im Blick auf den heutigen Menschen, gedacht und geredet.
Das aber hat empfindliche Folgen für die sogenannte »akademische Theologie«. Es unterbricht ihren elitären »Kreisverkehr« und verweist auf die Erfahrung als die gemeinsame Grundlage sowohl der Gottes- als auch der Weltbeziehung des Menschen.
»Erfahren« heißt ursprünglich durch das Land fahren und das, was man dabei wahrnimmt, in sich aufnehmen – wie wir heute noch von einem sagen: Er hat sich das Land »erwandert«. Das Land, in dem wir Gott auf solche Weise »erfahren«, ist die Welt in der spannungsvollen Fülle ihrer Lebensbeziehungen.
Damit wird die Theologie vom Kopf auf die Füße gestellt. Die Erfahrungen der Gläubigen bilden den elementaren Grund und Boden aller Theologie. Ohne Gotteserfahrung gäbe es überhaupt keine Theologie. Das erste ist stets die religiöse Erfahrung, das zweite die theologische Reflexion, und die theologische Reflexion verhält sich zur religiösen Erfahrung wie die Landkarte zur Landschaft. Theologie ist stets ein nachträgliches, bisweilen auch abträgliches Geschäft. Jede theologische Rationalisierung bringt zwangsläufig eine Reduzierung der religiösen Intuition mit sich.
Aus der notwendigen Versöhnung zwischen Theologie und Religion ergibt sich von selbst die Forderung einer zeitbezogenen »Erfahrungstheologie«. Ihre Aufgabe besteht darin, bisherige, aus der Vergangenheit überkommene Gotteserfahrungen kritisch zu sichten und verständlich zu vermitteln, um in der Gegenwart neue Erfahrungen Gottes zu erschließen: Religion von gestern in der Welt von heute. Dazu speist die Erfahrungstheologie sich aus zwei Quellen und muß deshalb stets in zwei Texten gleichzeitig lesen: im Text der Bibel und im Kontext der Welt. Bei all dem müssen die Frauen aufgrund ihrer eigenen Gottes-, Welt- und Selbsterfahrungen dazu helfen, daß die Theologie eine Alchimie aus Gefühl und Verstand wird: intellectus cordis, raison du cœur. [...]
Betrachte ich meinen theologischen Weg, so muß ich feststellen, daß der Intellektuelle und der Spirituelle in mir je länger desto besser miteinander ausgekommen sind: Mein Glaube gibt mir zu denken, und mein Denken verlangt nach Gewißheit. Vertrauen auf Gott und Einsicht in die Welt gehen, wenn auch gewiß nicht widerspruchslos, zusammen.
[...] Und so bedeutet »Weisheit« Gottesglaube, der sich als Welt- und Lebenserfahrung ausspricht. »Weisheit« ist scientia practica – sie lehrt Lebenskunst. Vertrauen auf Gott und Einsicht in den Gang der Welt sollen dem Menschen dazu verhelfen, nicht nur richtig, sondern wahrhaft zu leben.
Daher taugt in meinen Augen keine Theologie etwas, die den Menschen nicht zum Leben verhilft. Und kein Theologe sollte gegen diese »Lebensdienlichkeit« seines Berufs beleidigt protestieren. Kann es denn in der wirren Welt, in der wir täglich leben, eine wichtigere und würdigere Aufgabe geben, als Menschen in die Kunst des Lebens einzuführen, so daß sie ihren Weg in der Welt finden und am Ende »nach Hause kommen«?
Was Gott nicht zur Ehre gereicht und den Menschen nicht zum Leben dient, das hat kein Recht und keinen Raum in einer christlichen Theologie.

Heinz Zahrnt: Mutmaßungen über Gott. Die theologische Summe meines Lebens. R. Piper Verlag, München, Zürich 1994, S. 247–250.

Brotkorb und Fische. Mosaik aus Tabgha.
Die Fischsymbolik entstand im 2. Jhdt. n. Chr. als Ausdruck einer frühen Theologie. Eingeflossen sind alltägliche (Essen) und religiöse Erfahrungen (Erinnerung an das Speisewunder Jesu). Abgeleitet wird die Symbolik »Fisch« üblicherweise vom griechischen Wort »Fisch« (ichthys), dessen Buchstaben sich aus den Anfangsbuchstaben der Hoheitstitel Jesu zusammensetzen: Jesus Christus, Sohn Gottes (theou hyios), der Erlöser (soter). Zudem ist eine Verbindung herstellbar zur jüdischen Vorstellung vom »lebendigen« (also fischreichen) Wasser, welches Gott repräsentiert.

Theologie als Wissenschaft

Paul Tillich (1886–1965), einer der bekanntesten Theologen des 20. Jahrhunderts, versuchte in dem grundlegenden Aufsatz »Das Problem der theologischen Methode« (1947) zu bestimmen, inwiefern Theologie eine Wissenschaft ist.
Voraussetzung jeder Theologie bleibt, daß es eine besondere Begegnung mit der Wirklichkeit gibt, die man gewöhnlich als »religiös« bezeichnet. »Religion« definierte Tillich dabei in einem sehr weiten Sinne als »das, was uns unbedingt angeht«, »was unsere ganze Person ergreift«, als etwas, das »zum Grund unseres Seins gehört und von dem der Sinn unseres Lebens abhängt«.
Im Unterschied zum Religionsphilosophen, der an der religiösen Begegnung mit der Wirklichkeit nur theoretisch interessiert ist, nimmt der Theologe daran mit seiner ganzen Existenz Anteil. So wird ein Religionswissenschaftler die biblischen Schöpfungsgeschichten mit Ursprungserzählungen anderer Kulturen vergleichen, der Theologe aber begreift sie als Ausdruck des eigenen Glaubens an Gott als Schöpfer und Urgrund der Welt.
Der Glaube ist die Voraussetzung einer christlichen Theologie. Es wäre freilich ein Mißverständnis zu meinen, Theologie könne man nur unter der Voraussetzung eines unerschütterlichen persönlichen Glaubens, gleichsam nur als Heiliger, treiben. Vielmehr wissen sich Theologinnen und Theologen eingebettet in die Gemeinschaft derer, die glauben und miteinander den ersten Glaubensartikel sprechen. Zwischen Glaube und Theologie besteht ein »theologischer Zirkel«. Die Theologie hat das Leben in der Gemeinschaft von Christen als Voraussetzung und führt wiederum zu diesem hin.
Den »Stoff« für die Theologie liefert die Bibel. Darum bleibt für die Theologie das biblische Bekenntnis unentbehrlich, daß Gott der Schöpfer ist.
Neben der Tradition bezieht die Theologie sich ebenso auf die heutige Wirklichkeit, um nicht an »Unmittelbarkeit« zu verlieren. Sie begnügt sich also nicht mit dem Nacherzählen der Schöpfungsgeschichten, sondern sagt auch, was der Glaube an den Schöpfergott in einer Zeit der ökologischen Krise konkret bedeutet.
Wie jede Wissenschaft hat die Theologie eine spezifische Methode. Sie arbeitet systematisch und zieht andere Wissenschaften zu Rate. So untersucht die christliche Theologie unter Anwendung der allgemein verbreiteten historisch-kritischen Methode die Schöpfungserzählungen in ähnlicher Weise, wie die Geschichts- und Sprachwissenschaften vergleichbare antike Texte analysieren. Es gehört zur Aufgabe der Theologie, die bleibend umstrittene Auslegung der Bibel systematisch und methodisch kontrolliert zu begleiten. Die Theologie ist darum das wissenschaftliche Korrektiv für Verkündigung und Glaube.
Theologie als Wissenschaft spricht in vernünftiger, rationaler Weise von Gott. Wörtlich übersetzt heißt »Theo-logie« Gottes-Lehre (griechisch: theos = Gott; logos = Wort, Vernunft, Lehre). Im Unterschied zum schlichten Glauben versucht die Theologie, mit dem Verstand und der Vernunft zu arbeiten, den sinnvollen Glauben vom unsinnigen Aberglauben zu unterscheiden, fremde und eigene Überzeugungen kritisch und selbstkritisch immer neu zu prüfen.

Ein 17jähriger Industriemechaniker:

»Gott – mir fällt ein, man redet oft von ihm, doch niemand hat ihn je gesehen. Er ist überall und nirgends. Wenn man ihn braucht, ist er vielleicht da. Er ist der Größte, Mächtigste, doch niemand kann ehrlich Auskunft über ihn geben. Es gibt ihn eventuell in unterschiedlichsten Gestalten. Wir haben ihm vieles zu verdanken, der uns nicht kennt, und keiner weiß etwas von ihm. Er steht über den Dingen – so sagt man –, aber woher sollen wir dies wissen?«

Fächer eines Theologie- und Chemiestudiums

Der Autor des vorliegenden Heftes hat in den siebziger Jahren Theologie und Chemie studiert. Die Studiengänge gliedern sich in typische Gebiete, die etwas über die jeweilige wissenschaftliche Methode aussagen.

Mein Theologiestudium:	
Alte Sprachen:	Latein, Griechisch, Hebräisch
Bibel:	Altes Testament, Neues Testament
Geschichte:	Kirchengeschichte
Philosophie:	Systematische Theologie
Praxis:	Praktische Theologie (Predigtlehre, Religionspädagogik, Seelsorge)
Spezialgebiete:	Schöpfungstheologie / Dialog Theologie – Naturwissenschaften

Mein Chemiestudium:	
Praktika:	Anorganische, Organische Chemie
Theorie:	Anorganische, Organische Chemie
Andere Wissenschaften:	Physik, Mathematik
Fächerverbindend:	Physikalische Chemie
Spezialgebiete:	Chemische Evolution

21 Vom Schöpfer erzählen

Jürgen Moltmann: Gott in der Schöpfung

■ *Jürgen Moltmann (geb. 1926) war Professor für Systematische Theologie in Tübingen. Er vertritt eine »Theologie der Hoffnung«; in ihr spielen das Wirken des Heiligen Geistes und gesellschaftliche Veränderungen, die auf Befreiung und Frieden zielen, eine zentrale Rolle.*

Alles, was ist, existiert und lebt vom andauernden Zufluß der Energien und Möglichkeiten des kosmischen Geistes. Darum ist jede geschaffene Wirklichkeit energetisch zu verstehen und als verwirklichte Möglichkeit des göttlichen Geistes aufzufassen. Durch die Energien und Möglichkeiten des Geistes ist der Schöpfer selbst in seiner Schöpfung präsent. Er steht ihr nicht nur transzendent gegenüber, sondern geht auch in sie ein und ist ihr zugleich immanent.
Die *biblische Grundlage* für dieses Verständnis der *Schöpfung im Geist* ist Psalm 104, 29–30:

> *»Verbirgst du dein Angesicht, so erschrecken sie,*
> *du nimmst weg ihren Odem, so vergehen sie*
> *und werden wieder zu Staub.*
> *Du lässest deinen Odem aus, so werden sie geschaffen,*
> *und du erneuerst die Gestalt der Erde.«*

Aus dem ständigen Zufluß des göttlichen Geistes (ruah) werden die Geschöpfe »geschaffen« (bara), im Geist existieren sie und durch den Geist werden sie »erneuert« (hadash). Das setzt voraus, daß Gott immer durch und in der Kraft seines Geistes schafft und also die Präsenz seines Geistes die Möglichkeit und die Wirklichkeiten seiner Schöpfung bedingt. Es setzt weiter voraus, daß der Geist auf alles ausgegossen ist, was ist, und daß der Geist es erhält, es lebendig macht und erneuert. Und weil nach hebräischem Verständnis der *Geist* (ruah) weiblich ist, ist dieses göttliche Leben der Schöpfung mit weiblichen und nicht nur mit männlichen Metaphern zu erfassen. [...]
Ist der Heilige Geist auf die *ganze* Schöpfung »ausgegossen«, dann schafft er die Gemeinschaft aller Geschöpfe mit Gott und untereinander zu jener *Schöpfungsgemeinschaft,* in der alle Geschöpfe auf ihre je eigene Weise miteinander und mit Gott kommunizieren. Die Existenz, das Leben und das Gewebe der Wechselbeziehungen bestehen im Geist: »*In ihm* leben, weben und sind wir« (Apg. 17,28). [...]
Die Konzeption *Gott in der Schöpfung* in Gestalt der Vorstellung von der *Schöpfung im Geist* ist geeignet, »Schöpfung« und »Evolution« nicht länger als gegensätzliche Begriffe der Wirklichkeit aufzufassen, sondern komplementär miteinander zu verbinden: Es gibt eine *Schöpfung der Evolution,* weil Evolution nicht aus sich erklärbar ist. Es gibt eine *Evolution der Schöpfung,* weil die Schöpfung der Welt auf das Reich der Herrlichkeit hin entworfen worden ist [...].
Ist der kosmische Geist der Geist *Gottes,* dann kann das Universum nicht als ein geschlossenes System angesehen werden. Es muß als ein für Gott und seine Zukunft *offenes System* verstanden werden.

Jürgen Moltmann: Gott in der Schöpfung. Ökologische Schöpfungslehre. München, 3. Auflage 1987, S. 23–25; 32; 115.

Carter Heyward: Gott – die gebärende

Im Anfang war Gott,
im Anfang die Quelle von allem, was ist,
im Anfang die Sehnsucht: Gott.

Gott – die stöhnende,
Gott – die in Wehen liegende,
Gott – die gebärende,
Gott – die jubelnde,
Gott, voller Liebe für ihr Geschöpf,
sprach: Es ist gut!

Dann hielt Gott zärtlich die Erde im Arm,
wissend, daß alles Gute geteilt sein will.
Gott sehnt sich nach Verbundenheit.
Gott wollte die gute Erde teilen mit andern,
und die Menschheit ward geboren aus Gottes Verlangen.
Wir wurden geboren, die Erde zu teilen.

Carter Heyward: Our Passion for Justice. Images of Power, Sexuality, and Liberation. New York (Pilgrim Press) 1984
Deutscher Text nach: Dorothee Sölle: Lieben und arbeiten. Kreuz Verlag, Stuttgart 1985, S. 34.

Bild rechte Seite:
Marc Chagall (1887–1985): Die Erschaffung des Menschen (1956–58). © VG Bild-Kunst, Bonn 1995.

22 Predigen, singen und beten

Kurt Marti: Die Schöpfungserzählung ist eine Bitte an uns

■ *Der Schweizer Pfarrer Kurt Marti (geb. 1921) arbeitet seit 1983 als freier Schriftsteller.*

> Und Gott sprach:
> Es wimmle das Wasser von lebendigen Wesen, und
> Vögel sollen über die Erde flattern und an der
> Feste des Himmels.
> Und es geschah also.
> Und Gott schuf die großen Seetiere und alle
> Wesen, die leben und sich regen und im Wasser
> wimmeln nach ihrer Art, und alle geflügelten
> Vögel nach ihrer Art.
> Und Gott sah, daß es gut war.
> Und Gott segnete sie und sprach: Seid fruchtbar
> und mehret euch und erfüllt das Wasser im Meer,
> und die Vögel sollen sich mehren auf Erden.
> Und es ward Abend und ward Morgen: ein fünfter Tag.
> *1. Mose 1,20–23*

Alles Geschaffene hängt mit allem Geschaffenen zusammen. So will es Gott. So hat er's eingerichtet. Wir haben diese gegenseitige Verbundenheit alles Geschaffenen lange Zeit vernachlässigt und vergessen. Allmählich erkennen wir wieder, daß ohne saubere Luft, ohne sauberes Wasser, ohne Grün und ohne Tiere auch wir Menschen nicht mehr leben können.
Es ist kein Zufall, daß gleichzeitig mit der Ökologie, der Lehre dieser allseitigen Zusammenhänge, auch die Religionen wieder neu entdeckt werden.
»Religion« heißt wörtlich »Gewissenhafte Berücksichtigung«. Berücksichtigung von was? Gemeint ist: Berücksichtigung der von Gott gesetzten Wirklichkeit. Darum kann »Religion« auch mit »frommer Scheu«, mit »Respekt« oder »Ehrfurcht« übersetzt werden. Immer ist mitgemeint der Respekt vor den Lebenszusammenhängen, in denen Gottes Schöpfungswille sichtbar wird.
Die biblische Schöpfungserzählung ist ebenfalls eine solche Vision, die auf ihre Weise zeigt, daß alles mit allem zusammenhängt, wobei aber jedes Geschöpf seinen eigenen Lebensraum hat.
Hier, am fünften Schöpfungstage, erschafft Gott zuerst all jene Tiere, deren Lebensraum das Meer ist. Das erstaunt, weil die Schöpfungserzählung in einem Land- und Binnenvolk entstanden ist.
Das alte Israel war immer ein Binnenland. Dennoch beginnt die israelitische Schöpfungsgeschichte beim Wasser, beim Urmeer. Und die Erschaffung lebendiger Wesen setzt mit den Meerestieren ein. Vermutlich hat der biblische Erzähler hier altorientalisches Erzählgut von Meervölkern aufgenommen und abgewandelt, vielleicht, weil auch er schon geahnt hat, daß – wie man heute weiß – alles Leben, auch das der Tiere und der Menschen, ursprünglich aus dem Meer kommt.
Auf alle Fälle weiß der biblische Erzähler, daß das Leben auf den Kontinenten eng verknüpft ist mit dem Leben in den Meeren.
Ein Binnenvolk wie die alten Israeliten sind auch wir, die Schweizer. Nur scheinen wir uns der Bedeutung des Meeres bisher weniger bewußt gewesen zu sein. Tonnenweise lassen wir z. B. unsere radioaktiven Abfälle in den Atlantik versenken. Man sagt, das schade nichts, die Abfälle seien gut verpackt. Doch längst haben die Amerikaner, die ihren Atomabfall einst in genau derselben Verpackung vor der kalifornischen Küsten versenkt hatten, feststellen müssen, daß 34 % der Fässer bereits beim Absinken oder beim Aufprall auf den Meeresboden leck geworden sind. Die radioaktive Strahlung an den Orten dieser Atommüll-Deponien war zuweilen 5064 mal größer als erlaubt. Jene Meerestiere, die dabei nicht kaputt gehen, verleiben sich die strahlenden Teilchen ein, die auch weiterstrahlen, wenn das Tier von anderen Tieren gefressen wird. Die Teilchen strahlen ebenfalls weiter, wenn z. B. die Fische von Menschen verspeist werden: dann strahlen sie eben im menschlichen Organismus weiter. Man kennt die Folgen: Krebs, Leukämie, Beschädigungen und Zerstörungen vor allem der Fortpflanzungssubstanz. [...]
Ein Dank gehört den tapferen Leuten der »Greenpeace«-Schiffe, die die Versenkung dieses Atommülls in den Atlanik immer wieder, bis jetzt leider erfolglos, zu verhindern versuchen. Vom Schöpfungsglauben her beurteilt sind die »Greenpeace«-Schiffe aber wahre Gottesschiffe, prophetische Schiffe sozusagen. [...]
Jedes Geschöpf hat seinen Lebensraum und seine Nahrungsbasis zugeteilt bekommen. Dieser zugewiesene Lebensbereich ist ein Segensbereich, ein gesegneter Entfaltungsraum. Einzig der Mensch ist nicht an die Grenzen eines bestimmten Lebensbereichs gebunden. Wir haben unseren Aktionsraum ausgedehnt übers feste Land hinaus auf die Meere, in die Lüfte. Das stellt uns in eine besondere Verantwortung. Die Schöpfung, damit auch alle anderen Lebewesen, sind in unsere Hand gegeben, zum Segen oder zum Fluch.
In dieser Verantwortung will die Schöpfungserzählung uns helfen mit der Einsicht, daß nach Gottes Anordnung und Ordnung alles mit allem zusammenhängt. Die Vernichtung der Tiere schlägt früher oder später auf uns Menschen zurück; ohne Tierwelt wird es auch keine Menschenwelt mehr geben.
Was tun?
Die Schöpfungserzählung ist eine einzige Bitte an uns, freundlich umzugehen mit der Erde, mit der Luft und dem Wasser, freundlich umzugehen mit den Fischen und Vögeln, mit Tieren überhaupt. Freundlich heißt: wie mit Freunden.
Erst in diesem freundlichen Umgang mit allem, was ist und was lebt, werden wir Gottes Freundschaft neu erfahren.
1855 schrieb ein Indianerhäuptling dem amerikanischen Präsidenten in einem denkwürdigen Brief unter anderem: »Was ist der Mensch ohne Tiere? ... Alles, was den Tieren widerfährt, trifft auch den Menschen. Alle Dinge sind miteinander verbunden.«

Kurt Marti: Schöpfungsglaube. Die Ökologie Gottes. Radius Verlag, Stuttgart 1983, S. 49–54.

Ivan Generalič (geb. 1914): Der gekreuzigte Hahn, 1964 (Zagreb, Galerija primitivne umjetnosti).

Ernesto Cardenal: Das Weltall ist sein Heiligtum

■ *Ernesto Cardenal (geb. 1925), Priester und Dichter, war zeitweilig sandinistischer Kulturminister von Nicaragua.*

Psalm 150

Lobet den Herrn des Kosmos,
das Weltall ist sein Heiligtum
mit einem Radius von hunderttausend
Millionen Lichtjahren.
Lobt ihn
den Herrn der Sterne
und der interstellaren Räume,
Lobt ihn
den Herrn der Milchstraßen
und der Räume zwischen den Milchstraßen,
Lobt ihn
den Herrn der Atome
und der Vakuen zwischen den Atomen, […]
Alles was atmet
lobe den Herrn,
jede lebendige Zelle,
Halleluja!

Ernesto Cardenal: Das Buch von der Liebe. Lateinamerikanische Psalmen. Gütersloher Verlagshaus. 6. Auflage 1978, S. 139f.

G Verantwortung für das Leben

Im Jahre 1953 entwickelten die beiden US-amerikanischen Forscher James D. Watson und Francis H. C. Crick das doppelspiralige Strukturmodell für die Erbsubstanz Desoxyribonucleinsäure (DNS). In der Folgezeit wurde die molekulare Genetik und die Gentechnologie rasant vorangetrieben. Inzwischen lassen sich genetische Fingerabdrücke oder »Landkarten« erstellen. 1988 wurde als erstes Tier die sogenannte »Krebsmaus« patentiert, genmanipulierte Nahrungsmittel befinden sich auf dem Markt. In den USA werden Arbeiter vor ihrer Anstellung und Embryonen vor ihrer künstlichen Einpflanzung genetischen Tests unterzogen. Lebewesen, Pflanzen, Tiere und Menschen sind technisch manipulierbar, verwertbar und beinahe schon »machbar« geworden.
Darf die Menschheit tun, was technisch möglich ist? Wer profitiert von der neuen Entwicklung und wer sind ihre Opfer? Wer entscheidet darüber, was ethisch vertretbar ist und was nicht? Können Institutionen und Mechanismen aufgebaut werden, die den naturwissenschaftlich-technischen und den wirtschaftlichen Fortschritt wirksam und sinnvoll kontrollieren?

23 Schöpfer Mensch

Jeremy Rifkin: Was uns die Irokesen lehren – Die neue Erbgesundheitslehre schleicht durch die Hintertür

■ *Der prominente amerikanische Wissenschaftskritiker, Jeremy Rifkin, Sprecher der Anti-Gentechnologie-Bewegung, warnte schon vor Jahren in einem Interview:*

Publik-Forum: Die einen nennen [die Gentechnologie] einen Fluch, die andern einen Segen. [...]
Rifkin: Gentechnologie ist kein Fluch. Sie ist das direkte Ergebnis einer Weltsicht, einer Art zu denken, eine Ansammlung von Voraussetzungen, die die westliche Zivilisation seit mehr als 200 Jahren geschaffen hat. [...]
Publik-Forum: Welche Philosophie bietet uns eine Alternative?
Rifkin: Zu lange schon leben wir mit dem Irrtum, daß etwas gemacht werden muß, wenn es machbar ist. Dies ist ein unverantwortliches Verständnis von Fortschritt. Wir sollten dieses Konzept von Fortschritt genau überdenken. Wir haben Fortschritt zu lange engherzig als alles das verstanden, was Nützlichkeit, Gewinn, Ertrag vergrößert. Nun müssen wir begreifen, daß jede neue Technik, die wir einführen, Wohltaten und Kosten mit sich bringt. Wir brauchen eine aufgeklärte, kultivierte Definition von Fortschritt. Wir müssen den vollständigen Zusammenhang sehen, wir müssen die sozialen, wirtschaftlichen, moralischen und ethischen Bedingungen betrachten, und dann erst dürfen wir entscheiden, ob oder ob nicht eine solche Technik in die Gesellschaft eingeführt werden darf. [...] Es gibt Techniken, die so ungeheuerlich und unvergleichbar mit allem Bisherigen sind, daß wir auf einen lauteren Gebrauch dieser Nutzung dringend achten müssen; und darauf, wer sie kontrolliert. Wir müssen prüfen, ob sie die Heiligkeit des Lebens, die Vielfältigkeit des Lebens und der Zukunft zerstören können. Sicher verkörpern Atomkraftanlagen eine solche Technologie. Das ist eine solch ungeheure Kraft, daß wir in dem bloßen Akt der Nutzung das Leben entheiligen und die Lebensfähigkeit aller vergleichbaren Systeme bedrohen. Nun haben wir dazu noch die Gentechnik bekommen. Aufgespaltene Gene erlauben uns, Baumeister des genetischen Codes zu werden. Vielleicht ist diese Macht zu ungeheuerlich, zu maßlos zu unseren überschaubaren Bezugssystemen, zum Rest der Natur. Sind wir weise und stark genug, um den künftigen genetischen Code für alle Dinge dieses Planeten vorzuschreiben?
Publik-Forum: Das Interesse von Wirtschaft und Militär an der Gentechnik ist enorm groß. Glauben Sie, daß die Forschung sich selbst eine Grenze ziehen kann?
Rifkin: Es gibt keine Grenzen bei der Gentechnik. Es handelt sich hier um eine Wissenschaft der Techniker. Techniker sagen niemals: Halt. Jeder Techniker träumt von der perfekten Maschine, hinter aller Forschung steckt die Idee der Vollkommenheit. [...]
Welche Kriterien stellen Forscher für perfekt, defekt, mangelhaft auf? Und letztlich, das ist sehr wichtig für die gesellschaftliche Diskussion: diese Technik ist Erbgesundheitslehre! Eugenik. Das ist es, was diese Technik bedeutet. Auch wenn die Absichten der Gentechnologen gut sind, ist die innewohnende Motivation dieser Technik eugenisch. Wenn man Gene im Labor verbessert, verändert, ist jede Entscheidung eine eugenische Selektion. Was sind gute, was sind schlechte Gene? Welches soll in den Genpool eingebaut, welches vernichtet werden? [...] Es ergibt sich die Frage, ob jedes Institut, jedes Labor künftig die Autorität haben sollte, den genetischen Code des Lebens für die nächsten Jahrhunderte zu bestimmen. [...]
Publik-Forum: Der Philosoph Hans Jonas sagte: Gentechnik ist die Herrschaft der Toten über die Lebenden. [...]
Rifkin: Worüber wir hier sprechen, das ist die Verantwortung über die Zeit hinweg. Sollen wir zukünftige Generationen von Lebewesen unterjochen, indem sie genetische Anord-

*»Tut mir leid, dieser Herr war vor Ihnen da!«
In den USA wurde im April 1988 erstmals eine genetisch manipulierte Maus patentiert.
(Karikatur: Horst Haitzinger)*

nungen ausleben müssen, die wir für sie bestimmt haben? Das sollte nicht unsere Rolle als Verwalter der heutigen Zeit sein. Die Irokesen, ein nordamerikanischer Indianerstamm, sind ein gutes Beispiel: wenn sie eine Entscheidung treffen, fragen sie: was bedeutet dies für sieben weitere Generationen. Sie leben nicht nur im Moment, sondern sie hören die Ahnen aus dem Grab: Respektiere unsere Vergangenheit – genauso wie die Zukunft der noch ungeborenen Kinder. Diese sagen: Tritt für uns ein, wir sind machtlos, um für uns selbst zu sorgen. Die Irokesen fühlen sich verantwortlich für alles Leben – vor ihnen und nach ihnen – und nicht nur für den Augenblick. […]

Publik-Forum: Plädieren Sie für einen Forschungsstopp in der Gentechnologie?

Rifkin: Ich denke, daß wir in einigen Bereichen der Gentechnik zur Zeit nicht weitermachen sollten. Wir sollten keine gentechnischen Forschungen an Organismen, an Lebewesen vornehmen, bis wir Zeit genug hatten, eine lange, sorgfältige internationale Diskussion zu führen. Das heißt:
Erstens: Keine Freigabe von genetisch gezüchteten Bakterien, Viren, Pflanzenarten oder Tieren.
Zweitens: Wir sollten keine militärische Forschung für gentechnische Waffen zulassen, keine.
Drittens: Wir sollten keine gentechnischen Versuche mit verbbaren Merkmalen der menschlichen Spezies zulassen, solange wir keine besser informierte öffentliche Diskussion haben.
Es gibt noch viele weitere Gebiete, in denen wir im einzelnen diskutieren müssen, aber in diesen drei großen Fragen sage ich schon jetzt ganz klar: Nein!

Doris Weber, Publik-Forum 12/13 vom 3. 7. 1987, S. 33f.

Was versteht man unter Fortpflanzungsmedizin?

Fortpflanzungsmedizin (Reproduktionstechnik) ist ein Sammelbegriff für verschiedene Verfahren, mit denen in die Fortpflanzung von Menschen und Tieren eingegriffen wird. Die mit * markierten Verfahren werden bereits praktiziert.

1. Künstliche Befruchtung im Mutterleib*
Mit frischem oder tiefgefrorenem Samen, vom Ehemann (homologe Insemination) bzw. von einem Samenspender (heterologe Insemination).

2. In-vitro-Fertilisation*
Künstliche Befruchtung außerhalb des Mutterleibes (sog. Retortenkinder).

3. Embryospülung*
Befruchtung im Mutterleib, nach wenigen Tagen wird der Embryo ausgespült und einer anderen Frau eingesetzt.

4. Tieffrieren*
Tiefgekühlte Lagerung von Samen, Eizellen und Embryos.

5. Auswahl des Geschlechts
Bei der künstlichen Befruchtung außerhalb des Mutterleibs durch Selektion von Embryos oder durch Trennung von männlichen und weiblichen Samenzellen vor der künstlichen Befruchtung.

6. Erbanlagenuntersuchung*
❐ Amniozentese (Fruchtwasserspiegelung) während der Schwangerschaft.
❐ Chorionzottenbiopsie (Mutterkuchenuntersuchung) 7.–11. Woche.
❐ Needling (Punktion der Vene in der Nabelschnur oder einer Herzkammer des Fötus): Blutentnahme zur genetischen Untersuchung.

7. Leihmutterschaft*
Austragen eines implantierten Embryos als Dienstleistung für andere Eltern.

8. Klonen
❐ Embryosplitting: frühe Teilung des Embryos, um identische Lebewesen zu erreichen [Wird bei Tieren (Pferden) bereits praktiziert.]
❐ Zwillingsbildung: Die Erbinformationen aus einer Erwachsenenkörperzelle wird in eine Keimzelle implantiert. [Bei Fröschen schon experimentiert.]

9. Gebärmaschine
Embryos werden nach der künstlichen Befruchtung außerhalb des Mutterleibs noch mehrere Wochen am Leben gehalten. Frühgeburten können schon ab dem 5. Monat im Brutkasten aufgezogen werden. [Von der totalen Maschinengeburt trennt noch ein Zeitraum von etwa drei Monaten.]

Was versteht man unter Gentechnologie?

Die Gentechnologie ist ein Spezialgebiet der Biotechnologie. Wie die Biotechnologie sich Erkenntnisse der biologischen Forschung für die industrielle Produktion zunutze macht (z. B. Bierbrauerei, Kläranlagen), so werden in der Gentechnik die wissenschaftlich gewonnenen Erkenntnisse vom Aufbau, der Zusammensetzung und von inzwischen

1. Bakterien als Helfer

Stand: Anaerobe Bakterien, Kleinstlebewesen, die ohne Sauerstoff leben, können Öle oder Schwermetalle »verdauen« und zu ungefährlichen Substanzen verarbeiten. Es mangelt ihnen nur noch an Effizienz, die die Forschung durch Genmanipulation zu erreichen sucht. Im Juni 1980 erteilte das höchste Gericht der USA ein Patent für gentechnisch hergestellte ölfressende Bakterien.
Zukunft: Neben Forschungen zur Abwasserreinigung gibt es Versuche zur Intensivierung des Pflanzenschutzes: Genmanipulierte Bakterien können ein Antibiotikum produzieren, das bei Pflanzen und Bäumen Tumore verhindert. In den USA testete man schon Bakterien, die die Bildung von Eiskristallen auf Erdbeeren verhindern.
Gefahren: Über das Zusammenleben der natürlichen Mikroorganismen ist noch zu wenig bekannt, weshalb die Enquête-Kommission »Chancen und Risiken der Gentechnologie« des Bundestages sich zunächst gegen Freilandtests aussprach. – Es könnte sein, daß neuartige anaerobe Bakterien zwar einen Ölteppich »auffressen«, aber gleichzeitig die Lebensgrundlage für andere Meereslebewesen zerstören. Mikroorganismen sind noch weniger regulierbar als höhere Lebewesen und kaum aus der Natur rückholbar.

2. Pflanzen aus der Retorte

Stand: Auf der ganzen Erde gibt es schon Hunderte von Freilandversuchen mit genmanipulierten Pflanzen, die entweder gegen Schädlinge resistent sein oder größere Erträge erbringen sollen.
Zukunft: Man plant im Kampf gegen Mangelkrankheiten in der Dritten Welt, Nahrungspflanzen wie Hirse und Bohnen genetisch so umzubauen, daß ihre Früchte alle für den Menschen wichtige Aminosäuren enthalten.
Gefahren: Eine Reduktion von Schädlingsbekämpfungsmitteln und Düngemitteln ist ohne Frage wünschenswert. Andrerseits arbeitet die Industrie an Getreidesorten, die gegen Unkrautvertilgungsmittel resistent sind, um noch ungehemmter Herbizide auf die Äcker spritzen zu können. – Experten wie Ernst Ulrich von Weizsäcker sagen freilich, die Gentechnik werde den Welthunger nicht beseitigen. Gentechnisch erzeugtes Saatgut werde wegen der Patentlizenzen teuer sein, so daß es Landwirte der Dritten Welt gar nicht bezahlen könnten.

3. Neue Lebewesen

Stand: 1988 wurde in den USA eine genetisch veränderte Maus unter Patentschutz gestellt. Sie besitzt ein künstlich erzeugtes Krebs-Gen. Andere Gentechniker haben Schweinen die menschliche Erbinformation für das Wachstumshormon eingepflanzt, damit das Borstenvieh weniger Fett ansetzt und Futter besser verwertet.
Zukunft: Gefragt sind lebende Eierfabriken oder rasant wachsende Kotelett-Produzenten, also »Einnutzungs-Tiere«: Kühe, die viel Milch produzieren oder deren Milch für den Menschen wichtige Spurenelemente enthalten. Ziel ist auch die Produktion von Versuchstieren, die menschliche Krankheiten bekommen – zum Beispiel Mäuse, die an AIDS erkranken können. Damit müßten keine Schimpansen mehr für Versuche geopfert werden.
Gefahren: Die Beispiele zeigen, daß die Genmanipulation im Tierreich nur ein Spezialfall des naturwissenschaftlich-technischen Umgangs des Menschen mit Tieren überhaupt darstellt. Mit der ins Unermeßliche gewachsenen Verfügungsgewalt des Menschen über die Tiere stellt sich die Frage nach der Verantwortung des Menschen (»Ehrfurcht vor dem Leben«). Umstritten bleibt die Patentierung von Lebewesen, da genetische Informationen lediglich entdeckt, nicht aber erfunden werden können.

möglich gewordenen gezielten Veränderungen der Erbsubstanz bei der Pflanzen- und Tierzüchtung wie in der Humanmedizin in die Praxis umgesetzt.

Der folgende Überblick über die Hauptforschungs- und Anwendungsbereiche zeigt, welches Außmaß die biologische Revolution bereits angenommen hat:

Grafiken: Holger Everling/STERN.

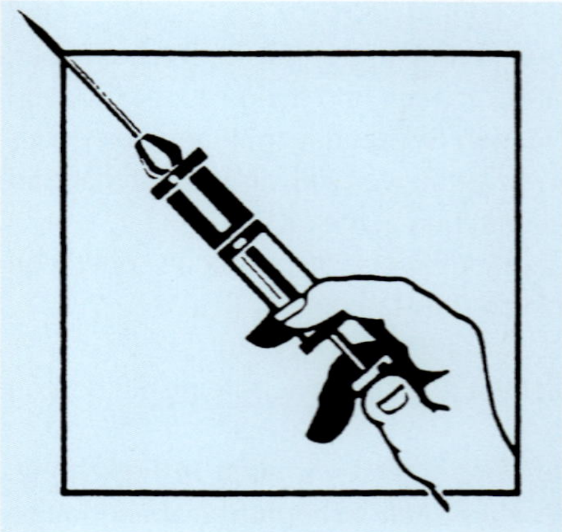

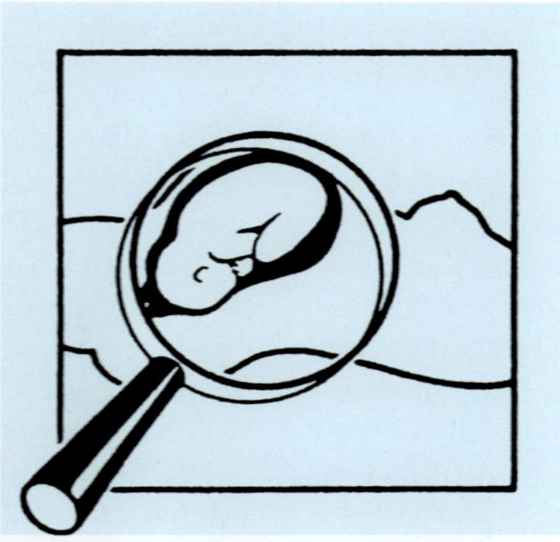

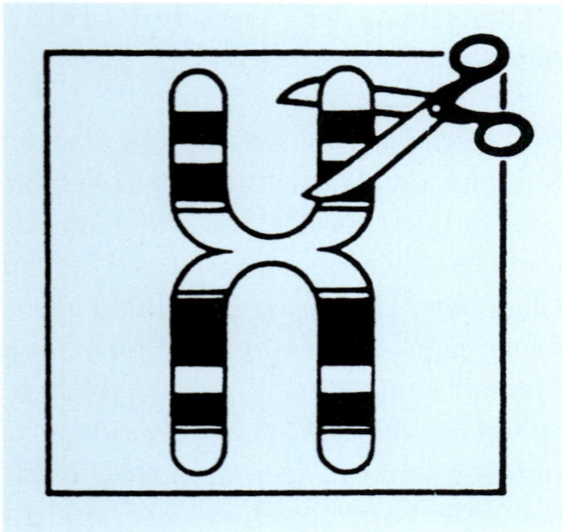

4. Neue Medikamente

Stand: Es gibt schon mehrere gentechnisch hergestellte Arzneimittel. Das bekannteste ist Humaninsulin. Es ersetzt das aus Bauchspeicheldrüsen von Tieren gewonnene Insulin zur Behandlung der Zuckerkrankheit. Die Pharmaindustrie isoliert aus Zellen der menschlichen Bauchspeicheldrüse das Insulin-Gen und pflanzt dieses in Bakterienzellen ein, die ihrerseits Insulin produzieren.

Zukunft: Die Pharmaindustrie ist besonders an der gentechnischen Herstellung von Interferonen, Eiweißmolekülen, die das körpereigene Abwehrsystem aktivieren und das Wachstum von Tumoren stoppen können, interessiert.

Gefahren: Die Entdeckung derartiger Medikamente ist ein Segen. Leider erfüllen sie nicht immer die Hoffnungen, die man in sie gesetzt hat. So kann zum Beispiel das Interferon nur bei bestimmten Krebsarten einen Aufschub bewirken. Es wäre auch gefährlich, Krankheiten nur mit Chemotherapie und Biotechnik »reparieren« zu wollen. Ebenso wichtig scheint die vorbeugende Medizin, die Änderung der Umwelt- und Lebensverhältnisse wie die Berücksichtigung seelischer Faktoren zu sein.

5. Früherkennung von Krankheiten

Stand: Von den 3000 bekannten Erbkrankheiten lassen sich bis jetzt etwa 200 mit gentechnischen Methoden eindeutig diagnostizieren, dazu gehören die Mukoviszidose (zäher Schleim in Lunge und Darm), Mongoloismus und die Huntingtonsche Krankheit (Veitstanz). Die Gen-Diagnose läßt sich noch vor der zehnten Schwangerschaftswoche durchführen, so daß die Möglichkeit einer Abtreibung besteht.

Zukunft: Mit zunehmender Entschlüsselung der menschlichen Erbinformationen (Genomanalyse) erhöht sich das Interesse an der pränatalen Diagnostik. Vorhersagbar werden dann auch nicht nur Erbkrankheiten, sondern angeborene Risiken wie Krebs, Gelenkrheuma oder Schizophrenie. Irgendwann wird von jedem Menschen ein genetisches Profil seiner psychischen und physischen Besonderheiten angefertigt werden können.

Gefahren: Die Enquête-Kommission »Chancen und Risiken der Gentechnik« empfiehlt, Gen-Tests nur in engen Grenzen, zum Beispiel bei Verdacht auf schwere Erbkrankheiten, zuzulassen. Es muß auch das Recht auf Nichtwissen geben. Schwere Probleme ergeben sich, wenn Arbeitgeber oder Versicherungen eine genetische Durchleuchtung verlangen.

6. Reparatur von Erbanlagen

Stand: Der Versuch, in die menschliche Keimbahn operativ einzudringen, wurde bereits unternommen, bisher jedoch ohne therapeutischen Erfolg.

Zukunft: Es bleibt sicher der Wunsch fanatischer Genchirurgen, defekte Erbanlagen frühzeitig gegen intakte Gene auszutauschen. Die Versuche sind jedoch nur durch das Opfer vieler Embryonen denkbar.

Gefahren: Die Enquête-Kommission hält es für ausgeschlossen, daß Mediziner die menschlichen Keimzellen manipulieren, um einen »besseren« Menschen zu schaffen; gegen die »Reparatur« defekter Gene bestanden keine unüberwindlichen Bedenken, solange die eingepflanzten Erbanlagen nicht an die Nachkommen weitergegeben werden.

Die Diskussion um die Verabschiedung der Bioethik-Konvention (Konvention zum Schutz der Menschenrechte und der Menschenwürde im Hinblick auf die Anwendung von Biologie und Medizin) des Europarats hat gezeigt, daß Eingriffe in das menschliche Genom, die gezielte Produktion menschlicher Embryonen zu Forschungszwecken und insbesondere auch Forschungen an »nichteinwilligungsfähigen« Personen aus ethischen Gründen umstritten bleiben.

24 Verantwortung im Zeitalter der Gentechnologie

■ Kundgebung der 7. Synode der EKD (1987): Achtung vor dem Leben

I. [Die Synode] ist sich darin einig, daß der Glaube an Gott den Schöpfer, den Erlöser und den Vollender die Kirche und ihre Glieder dazu verpflichtet, öffentlich zur Sache zu sprechen und die Gewissen zu schärfen. Die Heilige Schrift und der Glaube der Christen geben Grundlagen für ethische Schlußfolgerungen, selbst wenn sich nicht für jede Einzelfrage eine Antwort unmittelbar aus ihnen ableiten läßt. Die Synode ist überzeugt, daß den Schlußfolgerungen nicht nur Christen zustimmen können. Die ethische Urteilsbildung auf den Gebieten der Gentechnik und der Fortpflanzungsmedizin ist um so dringlicher, als in der wissenschaftlich-technischen Zivilisation die Eigendynamik neuer Entwicklungen, der Machbarkeitsglaube und kommerzielle Interessen stärker sind als die Orientierung an grundlegenden Werten. [...]

II. Bevor die Heilige Schrift vom Leben und Sterben des Menschen, von Gesundheit und Krankheit oder vom Gelingen und Mißlingen seines Lebens spricht, sagt sie, wer der Mensch ist. Er ist Teil aller Kreatur, aber zugleich als Mann und als Frau Gottes Ebenbild. [...] Die Bezogenheit auf Gott findet gerade auch im Gebet ihren Ausdruck: im Lob der Schöpfung und in der Bitte um Wegweisung. [...]

1. Alles Geschaffene kommt von Gott, lebt aus ihm und ist bestimmt zu seinem Lob. Es hat darum einen eigenen Wert und Sinn und ist nicht bloße Verfügungsmasse in der Hand des Menschen. [...]

2. Dem Menschen des wissenschaftlich-technischen Zeitalters ist seine besondere Stellung unter den Geschöpfen Gottes nachdrücklich erfahrbar geworden: »Du hast ihn wenig niedriger gemacht als Gott, mit Ehre und Herrlichkeit hast du ihn gekrönt. Du hast ihn zum Herrn gemacht über deiner Hände Werk, alles hast du unter seine Füße getan« (Psalm 8). Weltgestaltung gehört zum Wesen und Auftrag des Menschen, auch die Entwicklung neuer medizinischer Verfahren und die Gentechnik. Der Zuwachs an Wissen und Können und die natürlichen Lebensbedingungen stehen nicht im Widerspruch zueinander, solange der Mensch den rechten Gebrauch von seinen Möglichkeiten macht. Heute handelt er mehr und mehr, bevor der rechte Gebrauch geklärt ist. Der Mensch steht in der Versuchung, die Erfolge und den Nutzen von Wissenschaft und Technik zu Lasten der übrigen Schöpfung durchzusetzen und der mitgeschöpflichen Welt ihr Daseinsrecht zu rauben.

3. Diese Entwicklung richtet sich gegen den Menschen selbst. [...] Das vom Menschen in der Atomtechnik geschaffene ungeheure Vernichtungspotential findet seine Parallele in der von der Gentechnik ermöglichten enormen Fähigkeit zur Manipulation sowohl des Menschen selbst wie der übrigen Schöpfung. [...]

4. Die Würde des Menschen ergibt sich nicht nur aus seiner Sonderstellung unter den Kreaturen, sondern vor allem aus der besonderen Zuwendung der Liebe Gottes zu jedem einzelnen. Diese Einzigkeit jedes Menschen unter Gott ist seine Menschenwürde. Alles kommt letztlich und entscheidend darauf an, daß einer wahrhaft von sich sagen und bekennen kann: »Ich glaube, daß Gott mich und mein Leben will« und daß er dann auch in der Begegnung mit anderen jedes Menschenleben als würdig und wertvoll, als unersetzbar und also als notwendig erkennt und achtet. [...]

5. Dies gilt auch für das ungeborene menschliche Leben von seinem frühesten Entwicklungsstadium an. [...]

III. [Aus diesen Einsichten zog die Synode eine Reihe von Schlußfolgerungen:]

1. Die Synode erkennt und anerkennt auch in Forschung, Technik und ärztlicher Kunst gute Schöpfungsgaben Gottes. Sie erinnert aber an die Versuchung zur Hybris [...]. Forschung, Technik und Medizin dürfen nicht alles tun, was ihnen an Möglichkeiten in die Hand gegeben ist. Sie bedürfen der Ethik. Ein Beitrag dazu ist die Tätigkeit von Ethikkommissionen, in denen unmittelbar Beteiligte und Nichtbeteiligte miteinander im Gespräch bleiben.

2. Die Gentechnik wird häufig als eine Schlüsseltechnologie der Zukunft bewertet. Die Synode wendet sich nicht grundsätzlich gegen das politische und wirtschaftliche Interesse, eine mögliche Wachstumsbranche zu fördern und zu entwikkeln. Sie gibt jedoch zu bedenken, daß eben dieses Interesse objektiv eine Versuchung darstellt, um ökonomischer Vorteile willen ethische Gesichtspunkte zu vernachlässigen. [...]

3. In der Anwendung der Gentechnik stecken erhebliche Gefahren. Dies gilt insbesondere für die Freisetzung von Lebewesen mit neukombinierten Eigenschaften und für die Möglichkeit des Mißbrauchs zu militärischen Zwecken. Im Unterschied zu der langsam fortschreitenden Evolution des Lebens verlaufen die durch die Gentechnik ausgelösten Veränderungen unverhältnismäßig schnell. Sie lassen schwerwiegende Rückwirkungen auf den Artenbestand, die Vielfalt des Genpools und das ökologische Gleichgewicht befürchten. Eine begleitende Risikoanalyse, die Umwelt- und Sozialverträglichkeit neuer Entwicklungen prüft, muß Transparenz für die Öffentlichkeit herstellen und mit einer wirksamen staatlichen Aufsicht verbunden sein.

4. Die Achtung vor dem Leben verlangt, daß der Eigenwert von Pflanzen und Tieren bei ihrer Nutzung durch den Menschen nicht weiter mißachtet wird. Der Mensch hat kein Recht, durch den Mißbrauch gentechnischer Möglichkeiten mit der Neukombination von Arten zu experimentieren und vorhandene Arten in ihrem Bestand zu gefährden.

5. [Die Synode äußerte sich schließlich noch zu Schwangerschaftsproblemen und lehnte jeden Eingriff in die menschlichen Keimbahnen wie die verbrauchende Forschung an Embryonen ab.]

Kirchenamt der EKD (Hg.): Das Leben achten, Gütersloh 1988, S. 120–127.

Regine Kollek: Mein Ausstieg

■ *Regine Kollek, Molekularbiologin mit Forschungsauftrag in der Bundesrepublik und den USA, hatte eine vielversprechende wissenschaftliche Karriere vor sich. Doch mit 34 Jahren kündigte sie ihre Stelle. Die Begründung: »Ich war – und bin – davon überzeugt, daß wir auf dem besten Wege waren, neue Krankheitserreger zu produzieren.« Sie wurde Mitarbeiterin im wissenschaftlichen Stab der Enquête-Kommission »Chancen und Risiken der Gentechnologie« des Deutschen Bundestages.*

Da stand ich nun. Das ganze theoretische Wissen im Kopf und die ersten Instrumente für die Manipulation des Erbmaterials in den Händen; umgeben von Kollegen und akademischen Lehrern, die die kommenden Möglichkeiten dieser Technologie begeistert ausmalten, die damit Erbkrankheiten heilen, Pflanzen, Tieren und Menschen neue Eigenschaften verleihen wollten. Es wurde in unseren Laboratorien wenig darüber diskutiert, ob derart weitreichende Eingriffe in die Natur legitim, verantwortbar, möglicherweise gefährlich seien: Die Begeisterung über die neuen Entdeckungen überwog.

Mir war von Anfang an nicht ganz wohl bei dem Gedanken, daß die Biologen sich anschickten, so etwas wie eine »zweite Schöpfung« im Reagenzglas zu erproben. Andererseits war auch ich, wie meine Kollegen, fasziniert davon, das Erbmaterial – Grundsubstanz allen Lebens – mit den neuen molekularen »Scheren« zerschneiden und ganz genau untersuchen zu können. Mit meinen zwiespältigen Gefühlen war ich allerdings allein: Die anderen Nachwuchsforscher im Labor interessierten sich durchweg mehr für den Aufbau ihrer wissenschaftlichen Karriere als für kritische Auseinandersetzungen über die möglichen Konsequenzen der neuen Technologie. Man wollte promovieren, sich habilitieren, einen Zeitvertrag verlängert bekommen und sich das Wohlwollen des Institutsleiters nicht verscherzen.

Nach dem Abschluß meiner Doktorarbeit suchte ich mir einen Forschungsbereich, wo ich weder direkt noch indirekt gezwungen sein würde, Dinge zu tun, die ich inzwischen für unsinnig und gefährlich hielt – sprich: Gen-Manipulationen zu machen. Ich ging in die USA und arbeitete dort an einem Projekt, das keine Neukombination von Erbmaterial vorsah. Als es auslief, stand ich wieder vor derselben Entscheidung. Schon zu diesem Zeitpunkt hatte ich eingesehen, daß es in den Laboratorien weniger darum ging, »Erkenntnis« zu suchen, gar »Natur zu verstehen«; nein, es ging in erster Linie um Material für wissenschaftliche Publikationen, die man dann bei der Bewerbung um eine neue Stelle oder um weitere Forschungsgelder vorlegen konnte – Wissensproduktion am Fließband.

Trotz wachsender Bedenken nahm ich schließlich eine Stelle in einer molekularbiologischen Arbeitsgruppe an. Dort wurde an Blutkrebs erregenden Viren der Maus geforscht, und man untersuchte die krankhaften Vorgänge, die solche Viren auslösen. Dazu wurde in diesem Labor das Erbmaterial der Mäuse-Viren mit gentechnischen Methoden verändert; es wurden neue Kombinationen aus unterschiedlichen Viren und den Genen, die an der Krebsentstehung beteiligt sind, hergestellt. Als diese Neuschöpfungen dann auch noch so beeinflußt werden sollten, daß sie sich in *menschlichen* Zellen vermehrten und diese infizierten, gingen bei mir die »roten Lämpchen« überhaupt nicht mehr aus. Nach allem, was ich über die Biologie dieser Viren wußte (sie gehören wie das AIDS-auslösende Virus zur Gruppe der Retroviren), war – und bin – ich davon überzeugt, daß wir auf dem besten Wege waren, neue infektiöse Krankheitserreger zu produzieren. Mit Hilfe solcher Viren werden auch fremde Gene in Mäuse-Embryonen eingeschleust – zur Einübung von Techniken, mit denen man eines Tages menschliche Erbkrankheiten therapieren will. Medizinische Forschung im Dienste des Menschen. So werden diese Experimente legitimiert. Daß dabei jedoch durchaus nicht nur wissenschaftliche, altruistische Motive eine Rolle spielten, sondern auch ganz seltsame Allmachts-Phantasien, wurde mir eines Tages schlagartig klar, als ich das Bild einer sogenannten »chimären Maus« über dem Arbeitsplatz eines Kollegen an der Wand hängen sah. Dieses Mischwesen war durch die Verschmelzung von embryonalen Zellen zweier Mäuse hergestellt worden. Der Kollege hatte daruntergeschrieben: »I made this« – ich habe dieses Tier erschaffen! Das experimentelle Mauswesen als Produkt der Laborversuche eines 25jährigen ambitionierten Wissenschaftlers! Würden Wissenschaftler im »Ernstfall« der Versuchung widerstehen können, vergleichbare Versuche am Menschen vorzunehmen?

Vor diesem Hintergrund begann am Institut eine Auseinandersetzung, die sich über mehr als ein Jahr hinzog. Meine Hinweise auf die Gefährlichkeit unserer Virenexperimente waren wissenschaftlich nicht zu widerlegen. Die Hauptargumente für die Experimente waren, daß sie eben von anderen gemacht würden, wenn *wir* sie nicht durchführten; daß wir unseren Vorsprung auf diesem Gebiet unbedingt halten müßten; außerdem bekämen wir Forschungsmittel dafür, und solange nicht jemand im Labor krank werde, könne man ohnehin nicht beweisen, daß diese Viren gefährlich seien.

Der Konflikt wurde formal durch eine Abstimmung im Vertreter-Gremium des Instituts beendet: Mit der Auflage, bestimmte Sicherheitsbedingungen einzuhalten, wurde das Projekt genehmigt. Für mich gab es nach dieser Entwicklung nur noch zwei Möglichkeiten: Entweder mußte ich meine Kritik zurücknehmen, mich anpassen und weiter an etwas mitarbeiten, was ich nach jahrelanger, intensiver Beschäftigung mit der Materie für höchst bedenklich hielt. Oder ich mußte diesen Arbeitsbereich verlassen. [...]

Die Entscheidung, den Bereich der experimentellen Naturwissenschaften zu verlassen, ist mir nicht leichtgefallen. [...] Dennoch habe ich ihn nicht bereut. Ich begreife ihn heute nicht mehr als *Ausstieg*, sondern als *Einstieg* in die Suche nach weitgehend unerprobten, verdrängten Bereichen einer Naturforschung und Technik-Entwicklung, die nicht auf »Beherrschung« der Natur ausgerichet ist und dabei en passant eben diese Natur zerstört.

Sabine Rosenbladt: Biotopia, Droemersche Verlagsanstalt, München 1988, S. 198–202.

H Verantwortung für die Natur

Im Jahr 1972 machte ein Bericht des Club of Rome zur Lage der Menschheit der Weltöffentlichkeit schlagartig klar: Wenn wir so weitermachen wie bisher, hat das Leben auf der Erde keine Chance mehr! Der naturwissenschaftlich-technische und der ökonomische Fortschritt sowie das ständige Wachstum kommen an eine Grenze: der Planet Erde ist nicht weiter belastbar. Nach der atomaren zeigte sich jetzt die ökologische Krise.
Schlagzeilen beherrschen die Medien: Fischsterben, Klimakatastrophe, erhöhtes Krebsrisiko ...
Wo liegen die Ursachen für die bedrohliche Entwicklung, wer hat schuld? Können wir etwas ändern? Gibt es noch Hoffnung, führt ein Weg in die Zukunft? Und welcher Weg führt weiter: mehr Technik oder weniger, Fortschritt oder Umkehr? Genügt es, wenn jeder bei sich selber anfängt, oder sind umfassende politische Entscheidungen nötig? Wer muß sich ändern, der einzelne, die Wissenschaft, die Politik oder die gesamte Gesellschaft? Hilft es weiter, wenn Kirche und Theologie von der »Schöpfung« reden?

25 Der Anfang vom Ende

Der Computer als Unheilsprophet

Dem 1972 unter dem Titel »The Limits to Growth« (deutsch: »Die Grenzen des Wachstums«) veröffentlichten Bericht des Club of Rome lag ein Computer-Simulationsmodell des Massachusetts Institute of Technology (MIT) zugrunde. In dem »Weltmodell« wurden vor allem die fünf Faktoren »Rohstoffvorräte«, »Nahrungsmittel«, »Industrieproduktion«, »Bevölkerungswachstum« und »Umweltverschmutzung« sowie ihre wechselseitigen Beeinflussungen berücksichtigt. Eingespeist wurden die Daten der historischen Entwicklung zwischen 1900 und 1970. Unter der Voraussetzung, daß keine größeren Veränderungen physikalischer, wirtschaftlicher und sozialer Art eintreten, kam die Studie zu beängstigenden Ergebnissen für die Zukunft: »Wenn die gegenwärtige Zunahme der Weltbevölkerung, der Industrialisierung, der Umweltverschmutzung, der Nahrungsmittelproduktion und der Ausbeutung von natürlichen Rohstoffen unvermindert anhält, werden die absoluten Wachstumsgrenzen auf der Erde im Laufe der nächsten hundert Jahre erreicht.« Auch weitere, in der Folgezeit veröffentlichte Untersuchungen zur Zukunft der Welt gelangten zu ähnlich deprimierenden Ergebnissen, etwa der Bericht an den amerikanischen Präsidenten aus dem Jahr 1980 (»The Global 2000 Report to the President«). 1995 meldete sich der Club of Rome erneut zu Wort und wies in der Studie »Mit der Natur rechnen« darauf hin, daß die Situation noch dramatischer ist als früher angenommen und die Grenzen des Wachstums nicht erst im Laufe von 100 Jahren erreicht werden: »Inzwischen gibt es zahlreiche weitere Erkenntnisse, die nicht nur die sich abzeichnenden Katastrophen bestätigen, sondern die auch Grund zu der Annahme geben, daß die Grenzen des Wachstums möglicherweise schon längst überschritten sind und daß sich die Welt schon seit einigen Jahren in einem Zustand der Degenerierung befindet.« Das Verdienst der ersten Veröffentlichung des Club of Rome-Berichtes bleibt, daß sich in der Folgezeit so etwas wie ein »Umweltbewußtsein« bildete.

Der Club of Rome ist ein informeller, 1968 in Rom gegründeter Zusammenschluß von Wissenschaftlern und Wirtschaftsführern aus mehr als 30 Ländern. Er befaßt sich mit zentralen Fragen der gegenwärtigen Zivilisation.

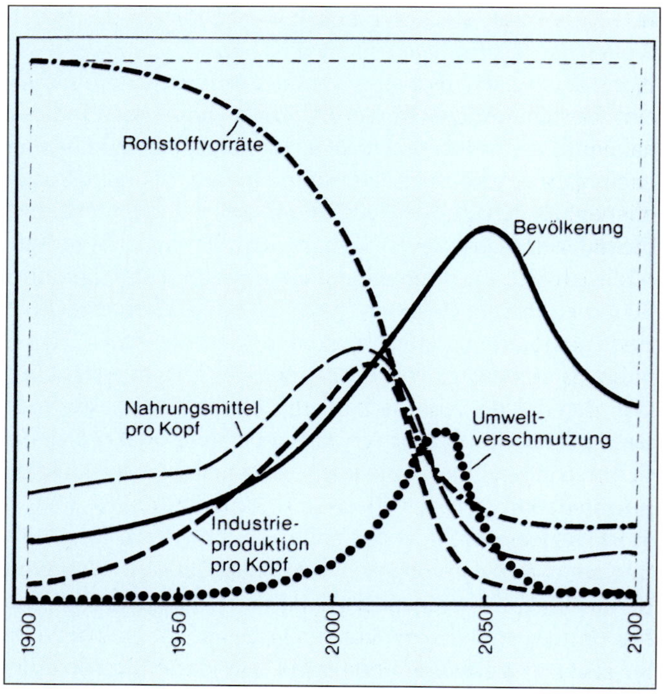

Die Ergebnisse der Studie des Club of Rome zur Lage der Menschheit. Graphik aus: Dennis Meadows u.a., Die Grenzen des Wachstums. Deutsche Verlags-Anstalt, Stuttgart, 1972, S. 113.

Salvador Dalí (1904–1989): Thunfischfang (1967). © VG Bild-Kunst, Bonn 1995/Demart pro arte B.V.

Günter Grass: Rede der Rättin vom Müllgebirge

Wahrlich, ihr seid nicht mehr! höre ich sie verkünden. Wie einst der tote Christus vom Weltgebäude herab, spricht weithallend die Rättin vom Müllgebirge: Nichts spräche von euch, gäbe es uns nicht. Was vom Menschengeschlecht geblieben, zählen wir zum Gedächtnis auf. Vom Müll befallen, breiten sich Ebenen, strändelang Müll, Täler, in denen der Müll sich staut. Synthetische Masse wandert in Flocken, Tuben, die ihren Ketchup vergaßen, verrotten nicht. Schuhe, weder aus Leder noch Stroh, laufen selbsttätig mit dem Sand, sammeln sich in vermüllten Kuhlen, wo schon des Seglers Handschuh und drolliges Badegetier warten. All das redet von euch ohne Unterlaß. Ihr und eure Geschichten in Klarsichtfolie verschweißt, in Frischhaltebeuteln versiegelt, in Kunstharz gegossen, in Chips und Klips ihr: das gewesene Menschengeschlecht.
Was sonst noch geblieben ist: auf euren Pisten rollt, scheppert Schrott. Kein Papier uns zum Fraß, doch zerschlissene Planen um Pfeiler, um Stahlträger gewickelt. Geronnener Schaum. Als sei in ihm Leben, bibbert in Fladen Gelee. Überall rotten Horden leerer Kanister. Aus Kassetten befreit sind Filmbänder unterwegs: Die Caine war ihr Schicksal, Doktor Schiwago, Donald Duck, High Noon und Goldrausch ... Was euch vergnüglich oder zu Tränen rührend in beweglichen Bildern das Leben gewesen ist.
Ach, eure Autohalden, in denen sich wohnen ließ früher. Container und sonstige Stapelware. Kisten, die ihr Safe und Tresor nanntet, stehen sperroffen: jedes Geheimnis ausgekotzt. Alles wissen wir, alles! Und was ihr in suppenden Fässern gelagert, vergessen oder falsch abgebucht habt, wir finden sie, eure tausend mal tausend Giftdeponien: Plätze, die wir begrenzen, indem wir warnend – uns warnend, denn nur noch wir sind –Duftmarken setzen.
Zugegeben: selbst euer Müll ist beachtlich! Und oft staunt unsereins, wenn Stürme mit dem strahlenden Staub sperrige Bauelemente von weither über die Hügel ins flache Land tragen. Seht, es segelt ein Glasfiberdach! So erinnern wir den verstiegenen Menschen: immer höher hinaus, immer steiler erdacht ... Seht, wie zerknautscht sein Fortschritt zu Fall kam! Und ich sah, was mir träumte, sah Gelee bibbern und Filmbänder unterwegs, sah rollenden Schrott und Folien von Stürmen bewegt, sah Gift aus Fässern suppen; und ich sah sie, die vom Müllberg herab verkündete, daß der Mensch nicht mehr sei. Das, rief sie, ist euer Nachlaß!
Nein, Rättin, nein! schrie ich.

Günter Grass: Die Rättin. Luchterhand, Darmstadt/Neuwied 1986, S. 14f.

26 Wer hat schuld?

Lynn White jr.: Die historischen Ursachen unserer ökologischen Krise

■ *Der amerikanische Historiker Lynn White erhob in einem Vortrag aus dem Jahr 1966 gegen das Christentum den Vorwurf, an der ökologischen Krise (mit)schuldig zu sein. Zahlreiche Wissenschaftler und Schriftsteller schlossen sich der These von White an.*

Die ökologische Krise ist die Folge einer selbstherrlichen Manipulation der Natur mit den effizienten Mitteln der Technik und Naturwissenschaft. Sowohl die Entstehung der modernen Wissenschaft und Technik als auch der Geist, in dem sie angewandt werden, lassen sich auf charakteristische Eigenarten der christlichen Lehre zurückführen. [...]
Wie wirkte sich das Christentum auf die Beziehungen des Menschen zu seiner Umwelt aus? Während viele Mythologien der Welt Schöpfungsgeschichten enthalten, ist die griechisch-römische Mythologie in dieser Hinsicht höchst widerspruchsvoll. Wie Aristoteles bestritten die Intellektuellen der Antike, daß die sichtbare Welt einen Anfang hat. Tatsächlich war der Gedanke an einen Beginn im System ihrer zyklischen Zeitvorstellung unmöglich. Das Christentum dagegen hatte von der jüdischen Religion nicht nur die Vorstellung einer nicht wiederholbaren und linearen Zeit übernommen, sondern auch eine eindrucksvolle Schöpfungsgeschichte. In sieben Tagen hatte ein liebender und allmächtiger Gott das Universum geschaffen, zuletzt den Menschen. Es war Adam, der den Tieren ihre Namen gab. Darin kommt die Überlegenheit des Menschen zum Ausdruck. Gottes Schöpfung zielt einzig und allein auf das Wohlergehen des Menschen ab. Und obgleich der Mensch aus Lehm gemacht ist, ist er nicht einfach ein Teil der Natur, denn: Gott schuf den Menschen ihm zum Bilde.
Ganz besonders in seiner abendländischen Form ist das Christentum die anthropozentrischste Religion, die die Welt je kennengelernt hat. Der Mensch teilt in großem Maße Gottes Transzendenz der Natur. In vollständigem Gegensatz zum antiken Heidentum und zu den asiatischen Religionen führte das Christentum nicht nur einen Dualismus zwischen den Menschen und der Natur ein, sondern betonte ferner, daß Gottes Wille geschehe, wenn der Mensch die Natur für seine eigenen Ziele ausbeutet.

Nach: M. Lohmann (Hg.): Gefährdete Zukunft – Prognosen angloamerikanischer Wissenschaftler. München 1970, S. 20ff.

Jürgen Moltmann: Eine Machtergreifung über die Natur war nicht gemeint

■ *Viele Theologen und Theologinnen wehrten sich gegen den von Lynn White und anderen erhobenen Vorwurf, die biblische Tradition sei für die Umweltkrise (mit)verantwortlich, unter anderem der emeritierte Tübinger Theologieprofessor Jürgen Moltmann (geb. 1926).*

Moderne Kritiker der jüdisch-christlichen Tradition weisen darauf hin, daß im biblischen Schöpfungsauftrag »Seid fruchtbar und mehret euch und macht euch die Erde untertan« (Gen. 1,28) die geistigen Grundlagen für die heutige ökologische Krise gelegt sind: unbegrenzte Vermehrung, Überbevölkerung der Erde und die Unterdrückung der Natur. Liegt aber in diesem Schöpfungsauftrag wirklich eine Legitimation zur Weltherrschaft des Menschen? Ist der Siegeszug moderner Naturbeherrschung eine Verwirklichung jener biblischen Bestimmung des Menschen? Hier liegen mehrere Mißverständnisse vor, die bedauerlicherweise von Theologie und Kirche aus apologetischen Gründen oft gefördert wurden.
Die konkrete biblische Vorstellung vom »Untertanmachen der Erde« hat gar nichts mit jenem Herrschaftsauftrag zu tun, den die theologische Tradition jahrhundertelang als das *dominium terrae* gelehrt hat, sondern ist ein Speisegebot: Die Menschen sollen zusammen mit den Tieren von dem leben, was *die Erde* durch Pflanzen und Bäume an Früchten hervorbringt. Eine Machtergreifung über die Natur war nicht gemeint. Ein Auftrag zum »Herrschen« findet sich nur Gen. 1,26: »Und Gott sprach: Laßt uns Menschen machen, ein Bild, das uns gleich sei, die da herrschen über die Fische im Meer und die Vögel unter dem Himmel und über das Vieh und über die ganze Erde.« Hier ist das »Herrschen« aber an jene Entsprechung der Menschen zu Gott, dem Schöpfer und Erhalter der Welt, gebunden, die mit Gottebenbildlichkeit bezeichnet wird. Weil Menschen und Tiere sich von den Früchten der Erde ernähren sollen, kann es sich bei der Herrschaft der Menschen über die Tiere nur um eine Friedensherrschaft ohne das »Recht über Leben und Tod« handeln. Die den Menschen zugedachte Rolle ist die Rolle eines Friedensrichters.
Es ruft immer Mißverständnisse hervor, wenn Bibelstellen aus ihrem traditionsgeschichtlichen Zusammenhang gerissen und zur Legitimation anderer Interessen verwendet werden. Man muß darum auch den jahwistischen Schöpfungsbericht beachten: Gen. 2,15 spricht vom »Garten Eden«, den die Menschen »bebauen und bewahren« sollen. Der Menschen Herrschaft über die Erde soll also dem bebauenden und bewahrenden Tun eines Gärtners entsprechen. Von Raubbau und Ausbeutung ist keine Rede. Der Wille zur Macht, zum Wachstum und zum Fortschritt, der die moderne Zivilisation prägt, wurde theologisch zwar oft mit Hilfe der biblischen Schöpfungslehre legitimiert, aber diese nachträgliche Legitimation hat keinen Grund in der Bibel selbst.

Jürgen Moltmann: Gott in der Schöpfung, München, 3. Auflage 1987, S. 43f.

Haben – Seinlassen

Wenn ich genau hinschaue

Wenn ich genau hinschaue,
sehe ich an der Hecke
die nazuna blühen!

nazuna: unscheinbare, wildwachsende Pflanze

Basho (1644–1694), japanischer Dichter

Ich pflücke dich

Blume in einer rissigen Mauer,
Ich pflücke dich aus den Rissen,
Ich halte dich samt der Wurzel in meiner Hand,
Kleine Blume – und wenn ich verstehen könnte,
Was du bist, mit allen Wurzeln, Blättern und Blüten, ganz,
Wüßte ich, was Gott und was der Mensch ist.

Alfred Tennyson (1809–1892), englischer Dichter

Gefunden

Ich ging im Walde
So für mich hin,
Und nichts zu suchen,
Das war mein Sinn.

Im Schatten sah ich
Ein Blümchen stehn,
Wie Sterne leuchtend,
Wie Äuglein schön.

Ich wollt es brechen,
Da sagt' es fein:
Soll ich zum Welken
Gebrochen sein?

Ich grub's mit allen
Den Würzlein aus,
Zum Garten trug ich's
Am hübschen Haus.

Und pflanzt' es wieder
Am stillen Ort;
Nun zweigt es immer
Und blüht so fort.

Johann Wolfgang von Goethe (1749–1832), deutscher Dichter

Ein süßes Geheimnis

Nein: nicht euch ist es bestimmt, die Knospen
zu erschließen zu Blüten.
Schüttelt die Knospe, schlagt sie: es geht über eure Macht,
sie blühen zu machen.
Eure Berührung beschmutzt sie, ihr zerreißt sie in Stücke
und werft sie in den Staub.
Aber keine Farben erscheinen und kein Duft.
Ach! Nicht euch ist es bestimmt, die Knospen
zu erschließen zu Blüten.
Er, der die Knospe öffnen kann, tut es so einfach.
Er schenkt ihr einen Blick, und der Lebenssaft strömt
durch ihre Adern.
Auf Seinen Hauch breitet die Blume ihre Flügel und flattert in den Wind.
Farben brechen heraus wie Sehnsüchte,
der Duft verrät ein süßes Geheimnis.
Er, der die Knospe öffnen kann, tut es so einfach.

Rabindranath Tagore (1861–1941), indischer Dichter

Siehe dazu: Erich Fromm: Haben oder Sein, Stuttgart, verbesserte Auflage 1977, S. 26–28.
Abbildung: Gustav Klimt (1862–1918): Bauerngarten mit Sonnenblumen (1905/06).

27 Wege in die Zukunft?

Eine neue Arche – Projekt »Biosphere II«

Mitten in der Prärie Arizonas, in der Nähe von Oracle, steht ein riesiges Gewächshaus aus Stahl und Glas, genannt »Biosphere (Erde) II«. Das Gewächshaus ist eine Welt im kleinen, es enthält alles, was es auf unserer Erde (Biosphere I) gibt: Regenwald und Wüste, Süß- und Salzwasser, Savanne und Sümpfe sowie ein Wohngebiet mit Wohnhäusern, Werkstätten und Computern. Biosphere II ist ein von der Umgebung hermetisch abgeschlossenes, völlig unabhängiges Ökosystem. Die natürlichen Kreisläufe spielen sich vollständig innerhalb des Glashauses ab: Pflanzen erzeugen Sauerstoff, der von den Menschen und Tieren eingeatmet wird, die ihrerseits das für die Pflanzen notwendige Kohlendioxid produzieren. Mit dem Experiment soll getestet werden, ob ein dauerhaftes Überleben in Raumstationen, auf dem Mond, auf anderen Planeten oder auf einer zerstörten Erde möglich ist. Finanziert wurde das auf hundert Jahre angelegte Unternehmen von der Privatfirma »Space Biospheres Ventures« des amerikanischen Öl-Milliardärs Edward P. Bass. Im September 1991 ließen sich vier Frauen und vier Männer für zwei Jahre im Glashaus einschließen. Sie nahmen etwa 4000 verschiedene Pflanzen- und Tierarten in die moderne Arche Noah mit. Bald aber entstanden Probleme: Der Kohlendioxidgehalt stieg auf das sechsfache des in der Atmosphäre üblichen Wertes. Es war nicht gelungen, einen Ausgleich zwischen Produktion und Verbrauch von CO_2 herzustellen. Ein Kohlendioxid-Recycler mußte eingebaut, Frischluft zugeführt werden. Die Crew hielt, wie geplant, bis September 1993 durch. Ein halbes Jahr später, als schon eine neue Mannschaft ins Glashaus eingezogen war, unternahmen zwei Mitglieder des ersten Teams, die Biologin Abigail Alling und der Ingenieur Mark van Thillo, einen Sabotageakt, eine späte Rache für die extrem harten Lebensbedingungen im Glashaus. Sie öffneten die Tür zu »Biosphere II« und zerstörten einige Glasplatten und Ventile. 1994 lebte ein siebenköpfiges Team ein halbes Jahr lang im Glashaus, unter ihnen der Münchner Elektro-Ingenieur Bernd Zabel. Die Zeit im Glashaus sei »hart« gewesen, dennoch wolle er sie »nicht missen«. Zabel hat während seines Aufenthalts in Biosphere II 14 Pfund an Gewicht verloren. Die Ernährung lag zwischen 2200 und 2800 Kalorien täglich, zu wenig, zu einseitig für einen erwachsenen Menschen. Es gab kaum Fleisch und Fett, wenig Kaffee, kein Bier. Zabel hat eine Familie.

Eine neue Arche: Projekt Erde II. Foto: © Ernesto Bazan/Agenzia Contrasto/Focus.

Das Passivhaus

Ein Haus im Stuttgarter Stadtteil Wolfbusch zieht manche Neugierige an, obwohl es von außen ganz »normal« aussieht. Es ist ein Passivhaus, ein Haus ohne Heizung. Gebaut wurde es von einem Architektenehepaar, dem die Konzepte der Niedrigenergiehäuser nicht weit genug gingen. Im Haus erreicht man selbst bei 10 Grad minus im Winter eine Zimmertemperatur von 20 Grad; ermöglicht wird dies durch eine extrem gute Dämmung, die nur sehr geringe Wärmeverluste nach draußen zuläßt, wie durch die Energiequellen, die jedes Haus im Innern besitzt: Beleuchtung, Haushaltsgeräte, Computer, Menschen, eine brennende Kerze ...
Bautechnisch wirft das Passivhaus keine außergewöhnlichen Probleme auf: die massiven, tragenden Bauteile werden als »Wärmespeicher« aufs Innere des Hauses konzentriert, die Außenwände dienen vor allem der Wärmeisolierung. Für den Luftaustausch sorgt eine Lüftungsanlage, bei welcher ein Großteil der Wärme über einen Wärmeaustauscher zurückgeführt wird. Über die Lüftungsanlage kann bei Bedarf nachgeheizt werden, am frühen Morgen nach einer kalten Nacht oder bei der Heimkehr nach dem Urlaub im Winter. Die Lüftungsanlage verbraucht etwa ein Achtel, die Nachheizung nur 5 % des üblichen Energieverbrauchs einer Heizung. Eingespart werden können bis zu 95 % des üblichen CO_2-Ausstoßes eines konventionellen Hauses. Die Kosten für das Passivhaus sind nicht besonders hoch, sie liegen etwa 3 bis 4 Prozent über der traditionellen Bauweise, amortisieren sich aber durch die Einsparung von Heizkosten innerhalb weniger Jahre. 1994 wurde das Haus in Wolfbusch mit dem Umweltpreis der Stadt Stuttgart ausgezeichnet.

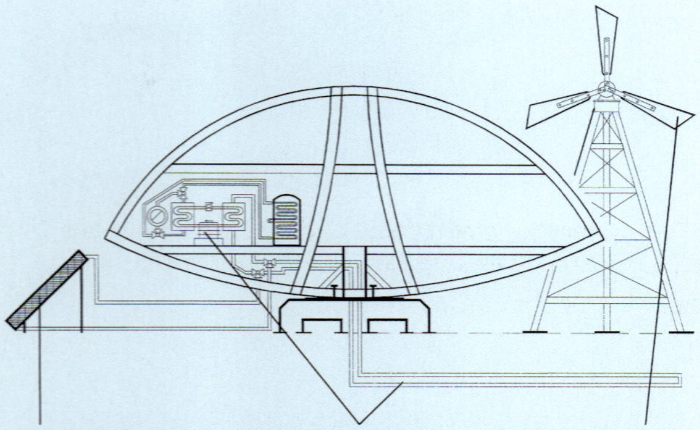

Das »Domespace« dient dem Örtchen Wulkow bei Frankfurt an der Oder als Vereinsheim. Die Wärmeenergie wird durch Erd- und Sonnenwärme gewonnen, die Elektroenergie aus einer Windkraftanlage. Wulkow setzte nach der Wende auf eine alternative Dorfentwicklung im Agrar-, Bau- und Energiesektor. © ECOTEC Wulkow.

Warum gibt es bis jetzt dennoch nur ganz wenige Passivhäuser in der Bundesrepublik? Neben dem in Stuttgart steht eines in Darmstadt-Kranichstein, andere sind in Planung in Meiningen, Rottweil, Esslingen und in der Nähe von Leipzig. Es sind vor allem Vorurteile, meint Marlene, die Tochter des Architektenehepaares, welche ihre beiden letzten Schuljahre im neugebauten Passivhaus in Stuttgart-Wolfbusch erlebte und nach dem Abitur einen Zeitungsartikel über »ihr« Haus schrieb.

Frankfurter Rundschau, 14. November 1995

Theologisch wohlfundierte Wärmedämmung

Die Kirche soll nicht nur von der Bewahrung der Schöpfung reden, sondern selbst »energisch Energie sparen«

Die Energie aus umgerechnet 1,1 Milliarden Litern Öl verbraucht die evangelische Kirche in Deutschland, um ihre Gebäude zu heizen. In Eisenbahntanks gefüllt, würde der dafür notwendige Zug von Stuttgart bis Hannover reichen. Rechnet man den Stromverbrauch hinzu, pustet die Kirche jährlich 4,8 Millionen Tonnen von dem Treibhausgas Kohlendioxid (CO_2) in den Himmel, mehr als zum Beispiel der Andenstaat Bolivien.
Daß das nicht so bleiben muß, zeigt die Studie »Energisch Energie sparen«, die die evangelischen Akademien in Deutschland (EAD) erarbeiten ließen. Wichtigste Aussage: Mit einer konsequenten Klimaschutzstrategie könnte die Kirche Vorreiter für ein neues Wohlstandsmodell werden. Würde sie ihre Gebäude – vom Gemeindehaus bis zur Sozialstation – bei künftigen Sanierungsarbeiten optimal dämmen und nur modernste Heizungen und Geräte einsetzen, ließen sich im Jahr 2010 52 Prozent der Kohlendioxidfracht und 340 Millionen Mark einsparen. [...]
Konkrete Hilfestellung dabei möchte das Energieprojekt der evangelischen Akademien leisten. Finanziell unterstützt von der Osnabrücker Bundesstiftung Umwelt, verschiedenen Landeskirchen sowie dem Diakonischen Werk, will es »die Kirchen ermutigen, mit praktischen Schritten bei der Bewahrung der Schöpfung ernst zu machen und ihren Energieverbrauch beträchtlich zu verringern«, wie Jobst Kraus von der Evangelischen Akademie Bad Boll sagt. Und das soll nicht mit zusammengebissenen Zähnen passieren: »Wir wollen zeigen, daß weniger Ressourcenverbrauch die Chance für eine neue Lebensqualität beinhaltet.« [...]
Wie sich der Energieverbrauch kirchlicher Einrichtungen halbieren läßt, zeigen die Verfasser der Studie an konkreten Beispielen. Sie verweisen etwa auf das Gemeindezentrum im schwäbischen Lauchheim, das nach gezielter Wärmedämmung mit 60 Prozent weniger Energie auskommt, oder auf eine Kirchengemeinde in Mecklenburg, die mit Windkraft nicht nur den eigenen Strombedarf deckt, sondern sogar noch Elektrizität ins Netz einspeist.

Eine Greenpeace-Aktion 1992 im antarktischen Ozean gegen das japanische Fabrikschiff »Nisshin Marir«, welches einen Minkwal an Bord zieht, um ihn zu verarbeiten. © Sabine Vielmo, Greenpeace.

Ein bewegter Lebenslauf – Greenpeace

1971 Greenpeace wird in Vancouver in Kanada gegründet. Erste Aktion gegen Atomwaffenversuche.

1972/73 Bei Aktionen gegen französische Atomwaffenversuche auf dem Mururoa-Atoll wird das Greenpeace-Schiff gerammt, die Mannschaft zusammengeschlagen.

1974 Frankreich stellt seine Atomwaffenversuche ein.

1975 Aktionen zum Schutz der Wale beginnen.

ab 1976 Greenpeace weitet seine Aktionen aus, überall entstehen Greenpeace-Gruppen.

1977 Greenpeace kauft ein eigenes Schiff, die Rainbow Warrior.

1979 Die Rainbow Warrior wird von den spanischen Behörden für einige Monate festgesetzt. Dann gelingt die Flucht.

1985 Der französische Geheimdienst sprengt die Rainbow Warrior in Neuseeland und tötet dabei einen Greenpeace-Fotografen. Die Agenten werden verurteilt.

1987 Erstmals müssen Greenpeace-Mitglieder ins Gefängnis wegen Aktionen gegen die englische Wiederaufarbeitungsanlage Sellafield.

1994 Greenpeace, das sich aus Spenden finanziert, muß Büros schließen und Mitarbeiter und Mitarbeiterinnen entlassen, da das Spendenaufkommen drastisch zurückgegangen ist.

1995 Im Sommer verhindern Greenpeace-Aktionen und ein Kaufboykott die Versenkung der Shell-Erdölplattform »Brent Spar« in der Nordsee. Im Herbst beginnt Frankreich trotz Greenpeace-Aktionen und weltweiter Proteste eine Serie unterirdischer Atomwaffentests auf dem Mururoa-Atoll in der Südsee.

Greenpeace

Angefangen hat alles in Kanada mit Protesten gegen die Atombombenversuche der Vereinigten Staaten. Nach einer Grenzbesetzung zwischen den USA und Kanada findet sich eine Gruppe, die noch konkreter gegen die unterirdischen Tests auf den Amchitka (Aleuten) angehen will. Aber wie? Am Küchentisch entsteht die Idee. Warum sollten wir nicht einfach mit einem Schiff in das Gebiet fahren und damit vor Ort unmöglich machen, daß wieder Atombomben gezündet werden!
Gesagt ist aber noch lange nicht getan. Zwei Jahre dauerte es noch, bis das nötige Geld, das richtige Schiff und ein mutiger Kapitän gefunden waren, um die Idee Wirklichkeit werden zu lassen. Auch die Auswahl von Besatzungsmitgliedern sowie Pressevertretern fielen dem neuen Team noch schwer. Doch endlich, im Oktober 1971, stach der Fischkutter ›Phyllis Cormack‹ mit drei Amerikanern und neun Kanadiern an Bord in See. Der Plan war, in die Drei-Meilen-Zone zu fahren. So hätte die Bombe nicht gezündet werden können, ohne uns entweder in die Luft zu jagen oder radioaktiv zu verseuchen.
Der Plan war gut. Unser Schiff lief unter kanadischer Flagge. Die Amerikaner konnten es nicht in internationalen Gewässern aufbringen, ohne einen Akt der Piraterie zu begehen. Leider ging es schief: Der Atombombenversuch wurde um einen Monat verschoben. Wir waren gezwungen, Kurs auf Akutan, der östlichen Hauptinsel der Aleuten, zu nehmen. Dort wurden wir innerhalb einer Woche von der US-Küstenwache verhaftet und anschließend nach Kanada zurückverfrachtet. So konnten wir Amchitka kein zweites Mal erreichen. Statt dessen wurden wir auf etwas aufmerksam, was uns noch mehr bewegte als das Grauen vor einer atomaren Entscheidungsschlacht. Zufällig waren wir in der Nähe einer verlassenen Walfangstation vor Anker gegangen, die zu Hunderten die Küsten der Aleuten, Alaskas und Britisch-Kolumbiens säumen. Während wir den Golf von Alaska in westlicher Richtung in einem großen Bogen von Prince Rupert bis zur Akutan-Passage durchquerten, hatten wir keinen einzigen Wal gesichtet. Unser Kapitän John Cormack, ein erfahrener Fischer, der diese Gewässer über vierzig Jahre lang befahren hatte, meinte dazu: »Früher konntest du hier draußen Wale sehen, so weit das Auge reicht. Sie schwammen auf die Schiffe zu wie große Narren. Heute siehst du keine mehr. Sie sind ausgerottet!« Die Stimmung hier draußen war so grau, einsam und bedrückend, daß die Worte des Kapitäns uns lange in den Ohren klangen. Jahrelang war es unsere größte Sorge gewesen, daß sich die Menschheit mit ihren atomaren Waffen selbst vernichten könnte. Deshalb hielten wir auch unsere Anstrengungen, uns und unsere Nachkommen davor zu bewahren, für so wichtig. Nun schien es, als ob der Schutz des menschlichen Lebens allein nicht ausreichte. Wir hatten das Gefühl, daß wir den unermeßlichen Schaden, der bereits jetzt angerichtet war, übersehen hatten und es in gewisser Beziehung schon zu spät war. Ausgelöst durch die Erlebnisse auf der Fahrt nach Amchitka war die zweite Greenpeace-Kampagne geboren: »Rettet die Wale«.

Monika Griefahn (Hg.): Greenpeace. Wir kämpfen für eine Umwelt, in der wir leben können. Rowohlt Verlag, Reinbek 1983, S. 10f.

28 Verantwortung für die Schöpfung

Künstler: Fernando Llort
Foto: C. Held

Das Kreuz ist eine Erinnerung an Maria Christina Gómez, die am 5. April 1989 in El Salvador gefoltert und ermordet wurde, weil sie an einer Demonstration teilgenommen hatte. Viele einfache Menschen in Lateinamerika setzen sich für ihre elementaren Lebensrechte ein, bekämpfen Ausbeutung, Unterdrückung sowie den Krieg der reichen Großgrundbesitzer, Kaufleute und Industriellen gegen die Armen und gegen die Natur. Sie bezahlen ihren Mut oft mit dem Leben.

Dorothee Sölle: Die Erde ist des Herrn

■ *Dorothee Sölle, geb. 1929, Theologieprofessorin und Schriftstellerin in Hamburg, wurde wegen ihrer politischen Theologie, ihrem Engagement für die Armen und Unterdrückten, bekannt und nicht selten auch angefeindet. In ihrem Buch zu einer Theologie der Schöpfung entfaltet sie anhand von drei Basissätzen eine »leibliche Theologie«:*

Der erste Grundsatz lautet: »Ich bin aus Erde gemacht.« Der zweite Satz ist ein Satz aus der Rede des Indianerhäuptlings Seattle von 1854: »Die Erde gehört nicht den Menschen, der Mensch gehört der Erde.« Und der dritte ist der erste Vers des 24. Psalms: »Die Erde ist des Herrn« oder »Del Señor es la tierra«, wie es bei den Campesinos in vielen vergangenen und gegenwärtigen Bauernaufständen in Lateinamerika heißt. [...]

»Del Señor es la tierra« oder »Die Erde ist des Herrn« – dieser dritte Grundsatz ist seit dem Mittelalter als Aufruf zum Befreiungskampf der europäischen Bauern gegen ihre Feudalherren zu hören. Im heutigen Lateinamerika benutzen die Bauern bei ihren Aufständen dieses Bibelwort, um auszudrücken, daß Grund und Boden allen gemeinsam gehören, nicht aber im Alleinbesitz von wenigen einzelnen bleiben dürfen. Der Ruf nach Umverteilung von Grund und Boden ist einer der Brennpunkte der gegenwärtigen Konflikte in Lateinamerika. Die verarmten Bauern fordern die herrschende Schicht heraus, die dem biblischen Verständnis des Lebens widerspricht, weil sie das Land als Handelsware betrachtet, die denen gehört, die bezahlt haben.

Es ist ein Verbrechen, die Erde zur Ware zu machen. Die Erde kennt kein »mein« oder »dein«. Die Auffassungen von der Erde als Gottes guter Schöpfung oder als Privateigentum schließen einander aus. Wenn der Boden überhaupt jemandem gehört, dann denen, die ihn wirklich bearbeiten, nicht aber denen, die ihn nur besitzen. Es sind die Landarbeiter, die an Gottes Schöpfung teilhaben, und nicht die ausländischen Grundbesitzer.

Ernesto Cardenal, der Priester und Dichter aus Nicaragua, lehrt uns: »Die Schuhe, die wir tragen, wurden von einem Arbeiter gemacht. Die Kleidung von einem anderen Arbeiter. Die Städte und alles, was es darin gibt, die Landstraßen und die Brücken ... Die Arbeiter setzen die Macht Gottes auf der Erde fort und arbeiten mit an der Schöpfung. Darum müßten die Arbeiter die Herren der Erde sein und nicht die, die nicht arbeiten ..., die Schuhe und Kleidung und Essen haben und überall herumreisen und nicht arbeiten und nicht säen und überhaupt nichts hervorbringen. Aber das sind die Herren der Arbeit der anderen und der Häuser und der Ländereien ...«

Die Erde gehört den Arbeitern, nicht ihren Käufern und Verkäufern. Wenn wir die Erde als Gottes Schöpfung denken, so kann sie nicht Eigentum einer Gruppe von Menschen sein.

Dorothee Sölle: Lieben und arbeiten. Eine Theologie der Schöpfung. Kreuz Verlag, Stuttgart 1985, S. 47, 53f.

Die Kirchen: Für ein neues Denken und Handeln

■ Verbindliche und ausführliche öffentliche Stellungnahmen zu grundlegenden Themen werden auf evangelischer Seite in der Regel durch Rat oder Synode der Evangelischen Kirche in Deutschland, auf katholischer durch die deutsche Bischofskonferenz herausgegeben. Zur Verantwortung für die Schöpfung veröffentlichten beide Kirchen gemeinsam eine Erklärung. Im Schlußteil, aus dem der folgende Ausschnitt stammt, werden aus den theologischen Vorüberlegungen praktische Folgerungen gezogen.
Die Evangelische Kirche in Deutschland (EKD), gegründet 1948, ist ein Zusammenschluß aller protestantischen (lutherischen, reformierten und unierten) Teilkirchen in Deutschland. Ihre Organe sind die (gewählte) Synode, die Kirchenkonferenz und der Rat.

1. Ein neuer Lebensstil
Umweltverantwortung ist auch Sache des einzelnen und nicht allein Aufgabe der Gesellschaft, der Wirtschaft oder des Staates. Die Lebens- und Verbrauchsgewohnheiten, die Standards und Überzeugungen der vielen einzelnen müssen sich ändern.
Ein grundlegendes Umdenken ist erforderlich. Der einzelne muß lernen, daß auch sein Verhalten Gewicht hat. Wenn er sich selbst viele unbedeutend scheinende Verschmutzungen der Umwelt großzügig gestattet, trägt er bei zu Gedankenlosigkeit, Umweltvandalismus und Zerstörungstoleranz.

2. Ökologisch verträgliches Wirtschaften
Kein Lebensbereich wirkt sich so tiefgreifend und umfassend auf Natur und Umwelt aus wie die Wirtschaft.
Nach dem Ende des Zweiten Weltkrieges ist aus grundsätzlichen Überlegungen die Notwendigkeit einer »Sozialen Marktwirtschaft« erkannt worden. Dieses Konzept muß jetzt um die ökologische Komponente erweitert werden.
Der traditionelle Zielkatalog der Wirtschaft, »Vollbeschäftigung, Geldwertstabilität, außenwirtschaftliches Gleichgewicht, angemessenes Wirtschaftswachstum und gerechte Einkommensverteilung«, muß um das Ziel »Erhaltung der natürlichen Umwelt« erweitert werden.
Soweit wie möglich muß das Verursacherprinzip gelten: Wer die Umwelt belastet, hat die Folgen zu tragen.
Hinzukommen muß jedoch auch eine Politik der gezielten Förderung von »sanften und alternativen Technologien«, langlebiger und energiesparender Produktionsverfahren, umweltfreundlicher Techniken, landschaftsschonender Entwicklungspolitik u.a.m.

3. Eine umfassende ökologische Orientierung der Politik
Die Forderung einer umfassenden ökologisch orientierten Politik geht von den Mängeln und Mißerfolgen der bisherigen umweltpolitischen Maßnahmen aus, die sich als sektorale Einzelmaßnahmen und ad-hoc-Regelungen defensiv an Belastungen und Schäden orientieren, meist auf raschen Erfolg aus sind und vom Zwang zum Provisorium bestimmt sind. Hier ist ein grundlegendes Umdenken erforderlich: Zu den mittlerweile umfassenden Einsichten in Wirkungs- und Nebenwirkungszusammenhänge muß auch ein umfassendes ökologiepolitisches Handeln kommen.

4. Die Aufgabe der Kirchen und Gemeinden
Entschiedener und umsichtiger als bisher müssen Christen und Kirchen ihren eigenen Beitrag zur Erhaltung und Verbesserung der Lebensbedingungen in unserem Land und unserer Welt leisten.
Von ihrem Selbstverständnis her haben die Kirchen einen vierfachen Beitrag einzubringen: das Licht der Wahrheit, die Kraft zur sittlichen Entscheidung, den Dienst der Versöhnung zwischen den widerstreitenden Positionen und Interessen und die Hoffnung.
Der Glaube an Gott, den Schöpfer, Erlöser und Vollender der Welt prägt das Denken und Verhalten des Menschen tiefgreifend und nachhaltig.
Die Kirchen müssen ihre Lehre vom Menschen als Ebenbild Gottes und von der Welt als Schöpfung Gottes klarer und verständlicher formulieren, ihr Gehör verschaffen und die sittliche Verantwortung, die der Glaube verlangt und freisetzt, auch über den Kreis der Gläubigen hinaus plausibel und einladend verkündigen. In Predigt und Unterricht, in Lied und Gebet sollte der erste Glaubensartikel dazu anleiten, der Natur staunend in Dank und Lob des Schöpfers gegenüberzutreten und so ein Naturverhalten einzuüben, das über zweckrationales Nützlichkeitsdenken grundsätzlich hinausgeht.
Beispielhaftes Verhalten der Kirchen und Gemeinden als Grundeigentümer, Bodenbewirtschafter, Bauherr und Anstellungsträger muß die Bildungs- und Erziehungsbemühungen der Kirchen stützen, wollen sie ihren Kredit nicht verspielen.
Schließlich können und müssen Kirchen und Gemeinden den Dienst der Vermittlung und Versöhnung zwischen den Fronten leisten.
Entscheidend aber ist, daß die Kirchen und Gemeinden Hoffnung vermitteln und deutlich machen, daß das Wahrnehmen von Verantwortung für die Schöpfung Gottes nicht gelähmt sein darf durch apokalyptische Ängste, vielmehr im Vertrauen auf Gottes Zusage schöpferische Kräfte des Menschen entdecken läßt und freisetzt. Im apostolischen Glaubensbekenntnis bekennt die Christenheit: »Ich glaube an Gott, den Vater, den Allmächtigen, den Schöpfer des Himmels und der Erde.« Die gesamte Christenheit glaubt an den Schöpfer, der alles geschaffen hat, »Himmel und Erde«, und also auch den Menschen mit der Erde als seiner »Umwelt«. Damit anerkennen Christen Gottes Anspruch auf die Welt und vertrauen auf die Zusage, daß der Schöpfer zugleich der Erhalter und Erlöser ist und bleibt. Deshalb bitten wir um die Erhaltung der Welt und hoffen auf die Erlösung aller Kreatur. Mit dem Psalmisten sprechen Christen: »Dem Herrn gehört die Erde und was sie erfüllt, der Erdkreis und seine Bewohner. Denn er hat ihn auf Meere gegründet, ihn über Strömen befestigt« (Psalm 24,1.2).

Verantwortung wahrnehmen für die Schöpfung: Gemeinsame Erklärung d. Rates d. Evang. Kirche in Deutschland u. d. Dt. Bischofskonferenz / hrsg. vom Kirchenamt d. Evang. Kirche in Deutschland u. d. Sekretariat d. Dt. Bischofskonferenz, Gütersloh 1985, S. 42–55, in Auszügen.

Irene Ehle (1928–1992): Sonnengesang: Bruder Tod. Seidenbatik, 1984. Aus: Schwester Sonne – Bruder Mond. Der Sonnengesang des Franz von Assisi, Freiburg i.Br. u.a., 2. Aufl. 1986

Aus dem Sonnengesang des Franz von Assisi (1182–1226)

Sei gelobt, mein Herr,
mit allen Deinen Geschöpfen,
vor allem Herr Bruder Sonne,
der den Tag bringt und uns leuchtet;
schön ist er
und strahlend in großem Glanz:
von Dir, Höchster, ist er uns Gleichnis.

Sei gelobt, mein Herr,
durch Schwester Mond und die Sterne,
an den Himmel hast Du sie gestellt,
klar und kostbar schön.

Sei gelobt, mein Herr,
durch Bruder Wind und die Lüfte,
und Wolken und heiteren Himmel
und jegliches Wetter,
durch welches Du Deine Geschöpfe erhältst.

Sei gelobt, mein Herr,
durch Schwester Wasser,
sehr nützlich und demütig
und köstlich und keusch.

Nach: Luise Rinser: Bruder Feuer, Frankfurt a.M., 21. Aufl. 1995, S. 5–8.

Sei gelobt, mein Herr,
durch Bruder Feuer,
durch den Du die Nacht erleuchtest.
Schön ist er und fröhlich
und kräftig und stark.

Sei gelobt, mein Herr,
durch unsre Schwester, die Mutter Erde,
die uns trägt und ernährt
und vielerlei Frucht bringt
und farbige Blumen und Gras.

Sei gelobt, mein Herr, durch jene,
die verzeihen um Deiner Liebe willen,
und Unsicherheit und Traurigkeit ertragen.
Selig, die in Frieden verharren.
Sie werden von Dir gekrönt.

Sei gelobt, mein Herr,
durch unsre Schwester, den leiblichen Tod.
Selig die, welche sie findet einverstanden
mit Deinem heiligsten Willen.
Ihnen kann der zweite Tod nichts schaden.

Lobt und preist meinen Herrn!

Albert Schweitzer: Ehrfurcht vor dem Leben

■ *Albert Schweitzer (1875–1965), Theologe, Philosoph und Musiker, studierte schließlich Medizin, um als Missionsarzt nach Afrika zu gehen. Seine Tätigkeit als Urwalddoktor in Lambarene machte ihn weltbekannt. Seit 1915 entwickelte er seine Lehre von der »Ehrfurcht vor dem Leben«. In den letzten fünfzehn Jahren seines Lebens beschäftigte er sich intensiv mit den Gefahren der Atomenergie. 1952 erhielt Albert Schweitzer den Friedensnobelpreis.*

Von meiner frühesten Jugend an fühlte ich mich genötigt, Mitleid mit den Tieren zu haben. Ganz unfaßbar erschien mir, schon ehe ich in die Schule ging, daß ich in meinem Abendgebet nur für die Menschen beten sollte. Darum, wenn meine Mutter mit mir gebetet und mir den Gutenachtkuß gegeben hatte, betete ich heimlich ein von mir selber verfaßtes Zusatzgebet für alle lebendigen Wesen. Es lautete: »Lieber Gott, schütze und segne alles, was Odem hat, bewahre es vor allem Übel und laß es ruhig schlafen.« [...]
Das Aufkommen der Bewegung des Tierschutzes, das in meiner Jugend stattfand, machte mir einen großen Eindruck. Endlich wagten es Menschen, in der Öffentlichkeit aufzutreten und zu verkündigen, daß das Mitleid mit den Tieren etwas Natürliches sei, das zur wahren Menschlichkeit gehöre, und daß man sich dieser Erkenntnis nicht verschließen dürfe. Ich hatte den Eindruck, daß ein neues Licht in dem Dunkel der Ideen aufgegangen sei und stetig zunehmen werde. [...] Im Frühjahr 1913 fuhr ich mit meiner Frau, nachdem ich das Studium der Medizin vollendet hatte, nach Französisch-Äquatorialafrika, um auf der 1872 von der amerikanischen Presbyterianer Missionsgesellschaft in Lambarene gegründeten Missionsstation ein Spital zu gründen. Durch elsässische Missionare, die in jener Gegend tätig waren, hatte ich erfahren, daß man dort eines Arztes dringend bedürfe. Es war die Zeit des Kampfes gegen die Schlafkrankheit, die in Äquatorialafrika furchtbare Verheerungen anrichtete. [...]
Im September 1915 bekam ich dort Nachricht, daß auf der Missionsstation N'Gômô die Frau des Schweizer Missionars Pelot erkrankt war und man mein Kommen erwartete.
Nun mußte ich also auf dem Ogowefluß 200 Kilometer stromaufwärts fahren. [...] Ich hatte mir vorgenommen, mich auf dieser Fahrt ganz in das Problem des Aufkommens einer Kultur, die größere ethische Tiefe und Energie besäße als die unsere, versunken zu bleiben. Blatt um Blatt beschrieb ich mit unzusammenhängenden Sätzen, nur um auf das Problem konzentriert zu bleiben. Müdigkeit und Ratlosigkeit lähmten mein Denken.
Am Abend des dritten Tages, als wir uns beim Sonnenuntergang in der Nähe des Dorfes Igendja befanden, mußten wir einer Insel in dem über einen Kilometer breiten Fluß entlang fahren. Auf einer Sandbank, zur Linken, wanderten vier Nilpferde mit ihren Jungen in derselben Richtung wie wir. Da kam ich in meiner großen Müdigkeit und Verzagtheit plötzlich auf das Wort »Ehrfurcht vor dem Leben«, das ich, so viel ich weiß, nie gehört und nie gelesen hatte. Alsbald begriff ich, daß es die Lösung des Problems, mit dem ich mich abquälte, in sich trug. [...]
Die fundamentale Tatsache des Bewußtseins des Menschen lautet: »Ich bin Leben, das leben will, inmitten von Leben, das leben will.«
Der denkend gewordene Mensch erlebt die Nötigung, allem Willen zum Leben die gleiche Ehrfurcht vor dem Leben entgegenzubringen wie dem seinen. Er erlebt das andere Leben in dem seinen. Als gut gilt ihm, Leben erhalten, Leben fördern, entwickelbares Leben auf seinen höchsten Wert bringen. Als böse: Leben vernichten, Leben schädigen, entwickelbares Leben niederhalten. Dies ist das denknotwendige, universelle, absolute Grundprinzip des Ethischen.
Die bisherige Ethik ist unvollkommen, weil sie es nur mit dem Verhalten der Menschen zum Menschen zu tun zu haben glaubte. In Wirklichkeit aber handelt es sich darum, wie der Mensch sich zu allem Leben, in seinem Bereich befindlichen Leben, verhält. Ethisch ist er nur, wenn ihm das Leben als solches heilig ist, das der Menschen und das aller Kreatur. [...] Nun aber sind wir alle dem rätselhaften und grausigen Schicksal unterworfen, in die Lage zu kommen, unser Leben nur auf Kosten andern Lebens erhalten zu können und durch Schädigen, ja auch durch Vernichtung von Leben, fort und fort schuldig zu werden.

Albert Schweitzer mit Äffchen. Amateuraufnahme, reproduziert von H. Lachmann

Albert Schweitzer: Die Lehre von der Ehrfurcht vor dem Leben. Grundtexte aus fünf Jahrzehnten. Hg. von H. W. Bähr. C. H. Beck Verlag, München, 6. Auflage 1991, S. 13–22.